高等职业教育土建类新编技能型规划教材

土木工程混合料配合比设计与结构实体质量评定

主 编 李建刚

黄河水利出版社

·郑州·

内 容 提 要

　　本书以现行的国家标准及行业设计规范、施工技术规范、试验检测规程、验评标准为主要依据,同时融入编者们长期积累的一线教学与生产工作的经验,大篇幅引用工程案例、资料编著而成。该书分为三篇,共11章,主要内容为混合料配合比设计,土木工程混合料结构物的质量评定,试验检测相关知识。各章可以自成体系,均简单介绍混合料配合比设计原则、方法、步骤、生产应用与报告案例,同时对相应原材料质量和标准要求作了简单介绍。

　　该书可作为土建类工程技术人员岗位培训教材,也可作为土建类专业学生专业能力培养实训教材,还可作为从事公路、房建、水利、沥青混合料拌和站、商品混凝土拌和站、铁路等行业土木工程建设管理、设计、施工、监理及监督人员的自学参考书。

图书在版编目(CIP)数据

土木工程混合料配合比设计与结构实体质量评定/
李建刚主编. —郑州:黄河水利出版社,2013.3
高等职业教育土建类新编技能型规划教材
ISBN 978 - 7 - 5509 - 0431 - 6

Ⅰ.①土…　Ⅱ.①李…　Ⅲ.①土木工程 - 配合料 - 配
合比设计 - 高等职业教育 - 教材 ②土木工程 - 配合料 - 工
程结构 - 评价 - 高等职业教育 - 教材　Ⅳ.①TU5

中国版本图书馆 CIP 数据核字(2013)第 031636 号

出 版 社:黄河水利出版社
　　　地址:河南省郑州市顺河路黄委会综合楼14层　　邮政编码:450003
发行单位:黄河水利出版社
　　　发行部电话:0371 - 66026940、66020550、66028024、66022620(传真)
　　　E-mail:hhslcbs@ 126. com
承印单位:黄河水利委员会印刷厂
开本:787 mm × 1 092 mm　1/16
印张:15.75
字数:380 千字　　　　　　　　　　　　　印数:1— 4 000
版次:2013 年 3 月第 1 版　　　　　　　　印次:2013 年 3 月第 1 次印刷

定价:32.00 元

前　言

随着我国土木工程基本建设范围、规模、技术水平的不断发展，质量要求日渐提高，混合料配合比设计技术对于工程技术人员及土建类专业在校生也愈加重要。编写此书的目的就在于为现代土木工程从业技术人员及土建类专业学生提供一本内容简洁、针对性强、根植于生产实用的技术参考学习资料及在校生专业能力培养的实训指导教材。

本教材将土木工程建设涉及的原材料和混合料基本性能试验方法标准和最新配合比设计规程纳入其中，同时根据需要增加一些土木工程混合料自动化拌和设备的基本知识。本书共11章，内容包括土木工程混合料的各种原材料、混合料技术性质及标准要求，配合比设计基本步骤以及混合料生产配合比设计应用，并介绍混合料自动化生产设备原理以及土木工程典型结构实体质量检验与评定。本书由山西交通技术学院李建刚主编，参与编写的人员有山西省阳城县交通运输局刘瑜龙、中铁十二集团第二工程有限公司丁学军、山西省大同高速公路建设管理处郭强、聊城安泰黄河水利工程维修养护有限公司李冰、中铁十二集团第二工程有限公司兰新铁路三工区梁焕章、山西省交通建设质量安全监督局张雪峰、上海市第一市政工程有限公司王昕政、江苏创和重钢科技股份有限公司姜兴国、太原市第一建筑集团有限公司李隆、山西建筑职业技术学院曲立杰、山西省高速公路开发有限公司邢涛。本书由山西交通技师学院孟庆芳、山西交通科学研究院王瑞林、山西省公路局晋城公路分局李宁通阅并提出修改意见，全书由李建刚统稿。

该书内容丰富，取材多来自现实生产一线，注重实用，是一本全新的土木工程混合料配合比设计应用与常见结构实体质量检验评定的综合学习资料。若编者们用心谋篇布局的努力能引起更多同行的关注和兴趣，并能给正在从事或准备从事该项工作的同仁和学员给予帮助与启示，那就实现了编者们的愿望。

该书在编写和修改过程中参考了国内有关专著、技术标准、内部资料、试验报告并引用了部分段落，在此向有关作者和单位表示感谢。

该书在编写过程中由于编者学识有限，加之土木工程混合料配合比设计及结构实体质量评定涉及知识面较广，有许多生产实用方法、参数、指标等有待不断研究和完善，为此诚望读者把该教材当作系统梳理知识与科学指导生产的新学科发展中的一个起点，以推动土木工程混合料设计技术不断进步。

编　者

2012 年 12 月

前　言

目　录

第三篇 试验检测相关知识

第一篇 混合料配合比设计

混合料配合比设计的通用仪器与设备实景图

电子天平

①感量≤1 g,称量范围为0~1 000 g;

②感量0.05 g,称量范围为0~200 g;

③感量≤0.1 g,称量范围为0~1 000 g;

④感量0.01 g,称量范围为0~2 000 g

电子秤

称量范围为0~15 kg,感量0.1 g

分析天平

量程≥100 g,感量0.000 1 g;

量程≥1 000 g,感量0.001 g

李氏比重瓶

　　横截面形状为圆形;最高刻度标记与磨口玻璃塞最低点之间的间距至少为10 mL。瓶颈刻度为0~24 mL,且0~1 mL和18~24 mL应以0.1 mL为刻度,任何标明的容量误差都不大于0.5 mL

量筒

规格:10 mL,25 mL,50 mL,100 mL,250 mL,500 mL,1 000 mL

容量瓶

　　25 mL,50 mL,100 mL,250 mL,500 mL,1 000 mL

游标卡尺

10 cm,20 cm,50 cm

铝盒

搪瓷方盘

摇筛机

①筛子直径:300 mm,200 mm;
②震幅:8 mm;
③振击次数:147 次/min;
④筛摇动次数:221 次/min;
⑤回转半径:12.5 mm

水泥标准养护箱

温度控制仪误差±1 ℃,箱内温差≤
1 ℃,湿度控制≥90%,工作电压220
V±10%,加热功率500 W,压缩机功
率180 W

比表面积仪

透气圆筒内腔直径12.7 mm,透气圆
筒内腔试料高度15 mm,穿孔板孔数
35,穿孔板孔径1.0 mm,穿孔板厚度1
mm,净重≈6 mm

标准筛

土壤标准筛:粗筛(圆孔)孔径为60 mm、40 mm、20 mm、10 mm、5 mm、2
mm,细筛孔径为2.0 mm、1.0 mm、0.5 mm、0.25 mm、0.075 mm。

砂石标准筛:

粗集料标准筛孔径为4.75 mm、9.5 mm、13.2 mm、16 mm、19 mm、26.5
mm、31.5 mm、37.5 mm、63 mm、75 mm。

细集料标准筛孔径为0.075 mm、0.15 mm、0.3 mm、0.6 mm、1.18 mm、
2.36 mm、4.75 mm、9.5 mm。

沥青路面集料标准筛:

粗集料标准筛孔径为4.75 mm、9.5 mm、13.2 mm、16 mm、19 mm、26.5
mm、31.5 mm、37.5 mm。

细集料标准筛孔径为0.075 mm、0.15 mm、0.3 mm、0.6 mm、1.18 mm、
2.36 mm、4.75 mm

胶砂抗折机

最大工作压力:6 000 N,加荷速度:(50
±5)N/s,示值相对误差:±1%,非线性、
重复性误差:±0.7%,仪表保险丝:5 A,
外型尺寸:500 mm×365 mm×690 mm,包
装尺寸:800 mm×560 mm×840 mm,毛
重/净重:100/85 kg,电压功率:220 V/50
Hz±10%/200 W

烧杯

250 mL,500 mL,1 000 mL

酸式滴定管

25 mL,50 mL

插刀

大肚直型移液管

10 mL,5 mL,1 mL

滴定整体装置

静水天平

称量范围:0~4 100 g,可读性:
0.1 g,重复性:≤ ±0.1 g,线性:
≤ ±0.2 g

标准漏斗

维卡仪

初凝针、终凝针、试模、玻璃板滑动
部分总质量(300±1)g

初凝针

直径(1.13±0.5)mm,有效长
度(50±1)mm

维卡仪试杆

有效长度为(50±1)mm,由直径为(10±0.05)mm 的圆柱形耐腐蚀金属制成

试模

试模是深(40±0.2)mm,顶内径(65±0.5)mm,底内径(75±0.5)mm 的截顶圆锥体(注:每只模应配备一个大于试模、厚度≥2.5 mm 的平板玻璃板)

终凝针

直径(1.13±0.5)mm,有效长度(30±1)mm

水泥净浆搅拌机

搅拌叶片转数及时间

搅拌速度	公转(r/min)	自转(r/min)	一次自动控制程序时间(s)
慢	62±5	140±5	120±3
停			15
快	125±10	285±10	120±3

胶砂振实台

振实台振幅:15 mm,振动频率:60圈/60 s,台盘中心至臂杆轴中心距离:800 mm,净重≈50 kg

雷氏夹膨胀测定仪

专用砝码质量300 g,刻度板最小刻距0.5,净重≈1.65 kg

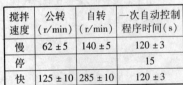

胶砂搅拌机

自转(低速(140±5)r/min,高速(285±10)r/min),公转(低速(62±5)r/min,高速(125±10)r/min),搅拌叶深度:135 mm,搅拌锅容积:5 L

负压筛析仪

筛析测试细度:80 μm,筛析自控时间:2 min(可调),工作负压可调:(400~6 000)Pa,工作电压:220 V

沸煮箱

有效容积约为 410 mm × 240 mm × 310 mm,箅板的结构应不影响试验结果,箅板与加热器之间的距离大于 50 mm。箱的内层由不易锈蚀的金属材料制成,能在 (30±5) min 内将箱内的试验用水由室温升至沸腾状态并保持 3 h 以上,整个试验过程中不需补充水量

恒温水槽

容量不小于 10 L,控温的准确度为 0.1 ℃,搁架位于水面下不得小于 100 mm,距水槽不小于 50 mm 处

雷氏夹

由铜质材料制成。当一根指针的根部先悬挂在一根金属丝或尼龙丝上,另一根指针的根部再挂上 300 g 质量的砝码时,两根指针针尖的距离增加应在 (17.5±2.5) mm 范围内,即 $2x =$ (17.5±2.5) mm,当去掉砝码后针尖的距离能恢复至挂砝码前的状态

三角烧瓶

干燥器

研钵

万用电炉

0~1 kW

烘箱

温度范围:室温~300 ℃

水泥恒应力试验机

压力机

承载能力:0~2 000 kN,相对误差:±1%,电机总功率:1.5 kW,活塞最大行程:25 mm,电源:380 V、50 Hz

电动脱模器

丝杆上(下)升速度:70 mm/min,丝杆最大移动距离:240 mm,丝杆最大上升极限距离:270 mm,最低下降极限距离:30 mm,丝杆最大脱模力:150 kN

第一章　水泥混凝土配合比设计

第一节　普通水泥混凝土配合比设计

- **技术标准**:《公路桥涵施工技术规范》(JTG/T F50—2011)

  《通用硅酸盐水泥》(GB 175—2007)

  《建设用卵石、碎石》(GB/T 14685—2011)

  《建设用砂》(GB/T 14684—2011)

  《普通混凝土配合比设计规程》(JGJ 55—2011)

- **检测依据**:《公路工程水泥及水泥混凝土试验规程》(JTG E30—2005)

  《公路工程集料试验规程》(JTG E42—2005)

  《普通混凝土力学性能试验方法标准》(GB/T 50081—2002)

水泥混凝土配合比表示方法：

单位用量表示法,以每立方米混凝土中各种材料的用量表示,水泥:水:细集料:粗集料。

相对用量表示法,以水泥的质量为1,并按"水泥:细集料:粗集料,水胶比"的顺序排列表示。

一、水泥混凝土配合比基本要求

(一)满足结构物设计强度的要求

为了保证结构物的可靠性,在配制混凝土配合比时,必须考虑到结构物的重要性、施工单位、施工水平、施工环境等因素,拟采用一个配制强度,才能满足设计强度的要求。

(二)满足施工工作性的要求

按照结构物断面尺寸和形状、钢筋的配置情况、施工方法及设备等,合理确定混凝土拌和工作性(坍落度或维勃稠度)。

(三)满足耐久性的要求

根据结构物所处环境条件,如严寒地区的路面或桥梁墩(台)处于水位升降范围、处于有侵蚀介质的环境等,为保证结构的耐久性,在设计混凝土配合比时,应考虑允许最大水胶比和最小水泥用量。

(四)满足经济性的要求

在满足设计强度、工作性和耐久性的前提下,配合比设计中尽量降低高价材料的用量,并考虑应用当地材料和工业废料,以配制成性能优良、价格便宜的混凝土。

(五)普通水泥混凝土配合比的设计参数

由胶凝材料、水、细集料、粗集料组成的普通混凝土配合比设计,就是确定胶凝材料、水、砂、石这四组分之间的分配比例(见图 1-1),四组分的比例可以由三参数来控制(见图 1-2)。

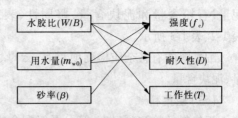

图1-1　混凝土四组分三参数关系图　　　　图1-2　三参数对技术性能的影响

二、水泥混凝土原材料技术要求

(一)水泥

1.水泥品种的选择

配制水泥混凝土一般可采用硅酸盐水泥、普通硅酸盐水泥、矿渣硅酸盐水泥、火山灰质硅酸盐水泥和粉煤灰硅酸盐水泥,必要时也可采用快硬硅酸盐水泥或其他水泥。

2.水泥强度等级的选择

一般以水泥强度等级(见表1-1)为混凝土强度等级的1.1~1.6倍为宜;配制强度等级较高的混凝土时,以水泥强度等级为混凝土强度等级的0.7~1.2倍为宜。

表1-1　通用硅酸盐水泥(GB 175—2007)

水泥品种	强度等级	抗压强度(MPa)		抗折强度(MPa)	
		3 d	28 d	3 d	28 d
硅酸盐水泥	42.5	≥17.0	≥42.5	≥3.5	≥6.5
	42.5R	≥22.0		≥4.0	
	52.5	≥23.0	≥52.5	≥4.0	≥7.0
	52.5R	≥27.0		≥5.0	
	62.5	≥28.0	≥62.5	≥5.0	≥8.0
	62.5R	≥32.0		≥5.5	
普通硅酸盐水泥	42.5	≥17.0	≥42.5	≥3.5	≥6.5
	42.5R	≥22.0		≥4.0	
	52.5	≥23.0	≥52.5	≥4.0	≥7.0
	52.5R	≥27.0		≥5.0	
矿渣硅酸盐水泥 火山灰质硅酸盐水泥 粉煤灰硅酸盐水泥 复合硅酸盐水泥	32.5	≥10.0	≥32.5	≥2.5	≥5.5
	32.5R	≥15.0		≥3.5	
	42.5	≥15.0	≥42.5	≥3.5	≥6.5
	42.5R	≥19.0		≥4.0	
	52.5	≥21.0	≥52.5	≥4.0	≥7.0
	52.5R	≥23.0		≥4.5	

(二)细集料

水泥混凝土用细集料的技术要求主要有:砂的颗粒级配和细度模数、有害物质含量、含泥量、石粉含量和泥块含量、坚固性、表观密度、堆积密度、空隙率、碱－集料反应。如表 1-2、表 1-3 所示。

细集料的有害杂质检测项目有：云母、轻物质、有机物、硫化物及硫酸盐、氯化物、含泥量、泥块含量。

（三）粗集料

粗集料的检测项目有：筛分及级配合成，压碎值，泥块含量，含泥量，坚固性，针、片状颗粒含量，碱－集料反应。

表 1-2　混凝土用砂（天然砂）的颗粒级配

级配区方孔筛尺寸（mm）	累计筛余百分数（%）		
	Ⅰ 区	Ⅱ 区	Ⅲ 区
9.5	0	0	0
4.75	0 ~ 10	0 ~ 10	0 ~ 10
2.36	5 ~ 35	0 ~ 25	0 ~ 15
1.18	35 ~ 65	10 ~ 50	0 ~ 25
0.6	71 ~ 85	41 ~ 70	16 ~ 40
0.3	80 ~ 95	70 ~ 92	55 ~ 85
0.15	90 ~ 100	90 ~ 100	90 ~ 100

表 1-3　水泥混凝土天然砂规格要求

试验项目	混凝土强度等级			试验方法（JTG E42—2005）
	C50 ~ C80	< C50，≥ C30	< C30	
细度模数	≥2.6	≥2.3	—	T 0327—2005

1. 矿质混合料组成设计方法一：图解法

图解法又称修正平衡面积法。目前，我国技术规范中推荐的混合料矿料组成设计均采用这种方法。

首先将各集料通过筛分析后，求出各级粒径通过百分率，再按技术规范（或理论级配）要求的合成级配范围，求出要求的合成级配各级粒径通过百分率中值。其设计过程如下：

（1）绘制一长方形图框，连接对角线 $O—O'$（见图 1-3）作为合成级配中值线。

（2）纵坐标按算术标尺，标出通过百分率。

（3）横坐标为筛孔尺寸。筛孔尺寸的确定是将各粒径合成级配范围的中值，从纵坐标作平行线与对角线相交，从交点作垂线与横坐标相交，其各交点即为各相应筛孔孔径的位置。

（4）确定各种集料用量。将各种集料的通过百分率绘于级配曲线坐标图上（见图 1-4），根据相邻各集料级配曲线之间的关系按下述三种方法求出各种集料用量。

①第一种：两相邻级配曲线重叠。

如图 1-4 集料 A 级配曲线的下部与集料 B 级配曲线的上部搭接时，在两级配曲线之间引一根垂直于横坐标的垂线（即 AA'），并使其 $a = a'$，垂线 AA' 与对角线 OO' 交于 M 点，通过 M 点作一水平线与纵坐标交于 P 点，OP 即为集料 A 的用量。

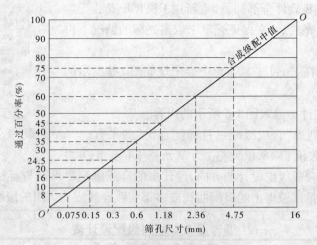

图 1-3 图解法级配曲线坐标图

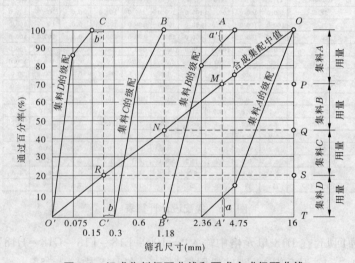

图 1-4 组成集料级配曲线和要求合成级配曲线

②第二种:两相邻级配曲线相接。

如图 1-4 集料 B 的级配曲线末端与集料 C 的级配曲线首端正好在一条垂线上,此时将前一集料曲线的末端与后一集料曲线首端作垂线相连(即 BB'),使垂线 BB' 与对角线 OO' 交于 N 点,通过 N 点作一水平线与纵坐标交于 Q 点,PQ 即为集料 B 的用量。

③第三种:两相邻级配曲线相离。

如图 1-4 集料 C 的级配曲线末端与集料 D 的级配曲线首端离开一段距离,此时作离开这一段距离的垂直平分线(即 CC'),使其 b = b',垂线 CC' 与对角线 OO' 交于 R 点,通过 R 点作一水平线与纵坐标交于 S 点,QS 即为 C 集料的用量。其余 ST 即为集料 D 的用量。

(5)校核合成级配是否符合级配范围要求,若不符合要求,应重新调整各集料在矿质混合料中的级配百分率。

2. 矿质混合料组成设计方法二:人机对话级配设计

(1)对 Excel 软件安装“规划求解”,方法为:打开 Excel,在菜单栏中选择“工具”—“加载宏”,在打开的页面中,选择“规划求解”,点击“确定”,即可完成安装。如出现不能安装的现象，把原有 OFFICE 软件全部卸载，重新用 OFFICE 安装光盘安装 OFFICE 软件，完成后，在保证光盘未取出光驱的情况下再进行上面的操作。

图 1-5　规划求解命令

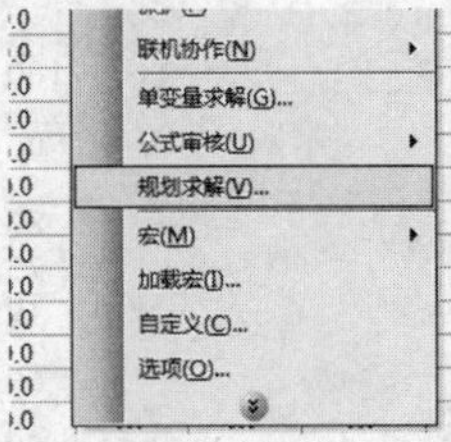

(2)安装好后，在 Excel 工具菜单中会出现如图 1-5 所示的界面。

(3)对 Excel 文件中输入图 1-6 所示的内容。

(4)“平方和”列为“合成级配 - 目标配合比”的平方，“平方和”列最后一行数值(K18 单元格)为单元格 K4 至 K17 之和。目标配合比为合成级配设计的方向，设计出的合成级配尽可能与目标配合比重合。目标配合比为通过大量试验得出的级配曲线或多年实践经验成功运用的级配曲线。

	A　B	D	E	F	G	H	I	J	K	M	N
1	**沥青混合料热料级配设计表**										
2	**热　料　配　比　调　整　结　果**										
3	孔径(mm)	11-22	6-11	4-6	0-4	矿粉	合成级配	目标配合比	平方和	级配上限	级配下限
4	37.5	100.0	100.0	100.0	100.0	100.0	100.0	100.0	0.0	100.0	100.0
5	31.5	100.0	100.0	100.0	100.0	100.0	100.0	100.0	0.0	100.0	100.0
6	26.5	100.0	100.0	100.0	100.0	100.0	100.0	100.0	0.0	100.0	100.0
7	19.0	100.0	100.0	100.0	100.0	100.0	100.0	100.0	0.0	100.0	100.0
8	16.0	100	100	100	100	100	100.0	100.0	0.0	100.0	100.0
9	13.2	75.5	100	100	100	100	97.3	96.7	0.4	100.0	90.0
10	9.5	2.2	66.9	100	100	100	76.5	76.7	0.1	85.0	68.0
11	4.75	0.5	1	87.6	100	100	48.1	48.0	0.0	68.0	38.0
12	2.36	0.2	0.2	24.9	92.7	100	33.4	33.5	0.0	50.0	24.0
13	1.18	0.2	0.2	5.5	66.7	100	23.0	24.0	1.0	38.0	15.0
14	0.6	0.2	0.2	2.3	41.1	100	15.9	16.1	0.0	28.0	10.0
15	0.3	0.2	0.2	1.7	27.6	100	12.4	10.1	5.2	20.0	7.0
16	0.15	0.2	0.2	1.6	13.3	98.1	8.7	7.7	0.9	15.0	5.0
17	0.075	0.2	0.2	1.4	8.3	89.1	6.9	6.6	0.1	8.0	4.0
18	配合比例(%)	11	39	20	25	5	100		7.8		

图 1-6　级配设计计算表

(5)为了方便回归，在 D18 单元格中输入“ =100 - E18 - F18 - G18 - H18”，首先对矿粉进行设计，对于 AC - 13 混合料，一般矿粉用量为 5%，在 H18 中输入“5”。

(6)输完后，打开“工具”—“规划求解”，如图 1-7 所示。在规划求解参数中，设置目标单元格选择“平方和”最下面的单元格，即“K18”；对于最大值、最小值，选择最小值，表示设计级配曲线与目标配合比尽可能接近重合；可变单元格为每档混合料的比例，在每档混合料的比例变化中，计算机会找出一个最能使设计级配曲线与目标配合比接近重合的比例，在五档集料中，11 ~ 22 mm 比例已输入公式，矿粉的用量已确定为 5%，则可变比例为6 ~ 11 mm、4 ~ 6 mm、0 ~ 4 mm 三档集料的比例，对应的可变单元格为 E18、F18、G18。在规划求解参数中，在“可变单元格”点击“推测”前的小按钮，选择 E18、F18、G18 单元格，最后点击求解，即可求出各档集料的比例，最后根据设计曲线合成 0. 075 mm 筛通过率，调整矿粉的用量，确定合成级配曲线。

图 1-7　规划求解参数

碎石或卵石的颗粒级配与范围见表 1-4。

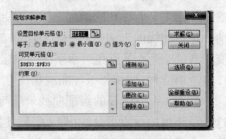

表1-4　碎石或卵石的颗粒级配与范围

级配情况	序号	公称粒径(mm)	筛孔尺寸（方孔筛，mm） 累计筛余（按质量计，%）											
			2.36	4.75	9.5	16.0	19.0	26.5	31.5	37.5	53.0	63.0	75.0	90
连续粒级	1	5~10	95~100	80~100	0~15	0	—	—	—	—	—	—	—	—
	2	5~16	95~100	90~100	30~60	0~10	—	—	—	—	—	—	—	—
	3	5~20	95~100	90~100	40~80	—	0~10	—	—	—	—	—	—	—
	4	5~25	95~100	90~100	—	30~70	—	0~5	—	—	—	—	—	—
	5	5~31.5	95~100	90~100	70~90	—	15~45	—	0~5	—	—	—	—	—
	6	5~40	—	95~100	75~90	—	30~65	—	—	0~5	—	—	—	—
单粒级	1	10~20	—	95~100	85~100	—	0~10	0	—	—	—	—	—	—
	2	16~31.5	—	95~100	—	85~100	—	—	0~10	—	0	—	—	—
	3	20~40	—	—	95~100	—	80~100	—	—	0~10	0	—	—	—
	4	31.5~63	—	—	—	95~100	—	—	75~100	45~75	—	0~10	0	—
	5	40~80	—	—	—	—	95~100	—	—	70~100	—	30~60	0~10	0

粗集料的有害物质试验检测项目有:针、片状颗粒含量,含泥量,泥块含量,有机物,硫化物及硫酸盐。

(四)混凝土的拌和用水

用于拌制和养护混凝土的水,应不含有影响混凝土正常凝结和硬化的有害杂质、油质和糖类等。

混凝土拌和用水试验检测项目有:pH 值、不溶物、可溶物、氯化物、硫酸盐、硫化物。

(五)外加剂

混凝土外加剂品种繁多,通常每种外加剂具有一种或多种功能,按照主要功能不同分类见表 1-5。

表 1-5　外加剂分类

外加剂功能	外加剂类型
改善混凝土拌和物流变性能	减水剂、引气剂、泵送剂、保水剂等
调节混凝土凝结时间、硬化速度	缓凝剂、早强剂、速凝剂等
调节混凝土中含气量	引气剂、加气剂、泡沫剂、消泡剂等
改善混凝土耐久性	引气剂、阻锈剂、防水剂、抗渗剂等
为混凝土提供特殊性能	膨胀剂、防冻剂、着色剂、碱－集料反应抑制剂等

三、水泥混凝土配合比的设计流程

水泥混凝土配合比的设计流程如图 1-8 所示。

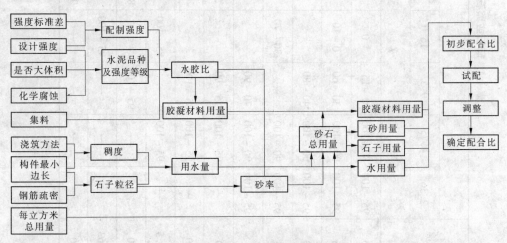

图 1-8　水泥混凝土配合比的设计流程

四、水泥混凝土配合比设计步骤

(一)原材料检验和矿质混合料配合比设计

1. 试验前准备

集料取样四份缩分步骤见图 1-9。

2. 水样采取

(1)装水样用的玻璃瓶(连同瓶盖)应先以铬酸洗液或肥皂水洗去油污或尘垢,再用清

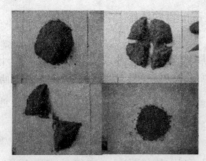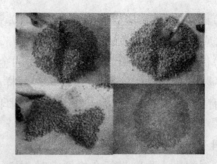

细集料:在水泥混凝土中是粒径小于 4.75 mm(方孔)的天然砂、人工砂、石灰、矿粉同细集料的取样

粗集料:粒径大于 4.75 mm(方孔筛)的碎石、砾石和破碎砾石的取样

图 1-9　集料的四份缩分取样

水洗净,最后用蒸馏水洗两遍。装水样前,应用所采水样冲洗 2~3 次。禁止使用装过油或其他物质而未经彻底清洗的瓶子和塞子。

(2)采取水样时,应使水样缓缓流入瓶中,不得产生潺潺声音,不能让草根、砂、土等杂物进入瓶中。

(3)为了保证水样的代表性,当进行地面水采样时,应注意尽可能在背阴地方,宜从中心水面 10 cm 以下处取样。在湖泊、河流、大面积池塘中采取水样时,应根据分析目的在不同地点和深度内取样。在钻孔中取水样时,钻孔内不要用水冲洗,停钻并待水位稳定后再取水样。

从已用水冲洗过的钻孔内取样时,必须先抽水 15 min,待水的化学成分稳定后方可采取水样。

(4)水样装瓶时应留 10~20 mL 空间,以免因温度变化而胀开瓶塞。

(5)瓶塞盖好,检查无漏水现象后,方可用石蜡或火漆封口。如长途运送,应用纱布缠紧后再以石蜡封住。

(6)测定侵蚀性二氧化碳,应另取一份水样,瓶大小为 250~300 mL,必须要装满后溢出,并在水样中加入化学纯碳酸钙试剂 2~3 g,以固定二氧化碳。送交实验室前,每天充分摇动数次。

(7)在水样瓶上贴好标签,注明水样编号,按需要测定的项目填写水质分析委托书,尽快送交试验。

3. 水泥取料

(1)散装水泥。对同一水泥厂生产的同期出厂的同品种、同强度等级的水泥,一次运进的同一出厂编号的水泥为一批,但一批的总量不超过 500 t。随机地从不少于 3 个车罐中各取等量水泥,经拌和均匀后,再从中称量不少于 12 kg 水泥作为检验试样。

(2)袋装水泥。对同一水泥厂生产的同期出厂的同品种、同强度等级的水泥,以一次运进的同一出厂编号的水泥为一批,但一批的总量不超过 200 t。随机地从不少于 20 袋中各取等量水泥,经拌和均匀后,再从中称量不少于 12 kg 水泥作为检验试样。

(3)对来源固定、质量稳定,且又掌握其性能的水泥,视运进水泥的情况,可定期地采集试样进行强度检验。如有异常情况,应作相应项目的检验。

(4)对已运进的每批水泥,视存放情况应重新采集试样复验其强度和安定性。存放期超过 3 个月的水泥,使用前必须复检,并按照结果使用。

（5）试样取得后，应立即充分拌匀，过 0.9 mm 的方孔筛，并记录筛余百分率。若需要保存样品，应将试样均分为试验样和保存样。

（6）保存样品取得后，应存放在密封的金属容器中，加封条。容器应洁净、干燥、防潮、密封、不易破损、不与水泥发生反应。存放样品的容器外部，至少有一处加盖清晰且不易擦掉的标有编号、取样时间、地点、人员的密封印。存有试样的容器应贮存于干燥通风的环境中。

4. 生产中新拌混凝土的取样

（1）对混凝土强度进行合格评定时，混凝土取样应在混凝土浇筑地点随机取样，保证混凝土取样的随机性，使所抽取的试样具有代表性。

（2）试件的取样频率和数量应符合下列规定：

①每 100 盘，但不超过 100 m³ 的同配合比混凝土，取样次数不应少于一次；

②每一工作班拌制的同配合比的混凝土不足 100 盘和 100 m³ 时取样次数不应少于一次；

③每一次连续浇筑同配合比混凝土超过 1 000 m³ 时，每 200 m³ 取样不应少于一次；

④对房屋建筑，每一楼层同一配合比的混凝土取样不应少于一次。

（3）每批混凝土试样应制作的试件总组数，除满足混凝土强度评定所必需的组数外，还应留置为检验结构或构件施工阶段混凝土强度所必需的试件。

①每次取样应至少制作一组标准养护试件。

②每组三个试件应从同一盘或同一车的混凝土中取样制作。

（4）应用统计方法对混凝土强度进行检验评定时，取样频率是保证预期检验效率的重要因素。在制定取样频率的要求时，考虑各种类型混凝土生产单位的生产条件及工程性质的特点，取样频率与搅拌机的搅拌盘（罐）数和混凝土总方量有关，与业余工作班的划分有关。一盘指搅拌混凝土的搅拌机一次搅拌的混凝土。一个工作班指 8 h。

（5）每批混凝土应制作的试件数量，对于检查混凝土在施工（生产）过程中强度的试件，其养护条件应与结构或构件相同，它的强度只作为评定结构或构件能否继续施工的依据，两类试件不能混同。

（二）配合比计算

1. 初步配合比的计算

1）混凝土配制强度 $f_{cu,0}$

（1）当混凝土的设计强度等级小于 C60 时，配制强度应按下式计算

$$f_{cu,0} \geq f_{cu,k} + 1.645\sigma \qquad (1\text{-}1)$$

式中　$f_{cu,0}$——混凝土配制强度，MPa；

　　　$f_{cu,k}$——混凝土立方体抗压强度标准值，MPa；

　　　σ——混凝土强度标准差，MPa。

（2）当设计强度等级大于或等于 C60 时，配制强度应按下式计算

$$f_{cu,0} \geq 1.15 f_{cu,k} \qquad (1\text{-}2)$$

混凝土强度标准差应按照下列规定确定：

①当具有近 1~3 个月的同一品种、同一强度等级混凝土的强度资料，且试件组数不小于 30 时，混凝土强度标准差 σ 应按下式计算

$$\sigma = \sqrt{\dfrac{\sum_{i=1}^{n} f_{cu,i}^2 - n m_{f_{cu}}^2}{n-1}} \tag{1-3}$$

式中 $f_{cu,i}$——第 i 组的试件强度,MPa;

$m_{f_{cu}}$——n 组试件的强度平均值,MPa;

n——试件组数,n 值应大于或等于30。

对于强度等级不大于 C30 的混凝土:当 σ 计算值不小于 3.0 MPa 时,应按照计算结果取值;当 σ 计算值小于 3.0 MPa 时,σ 应取 3.0 MPa。对于强度等级大于 C30 且不大于 C60 的混凝土:当 σ 计算值不小于 4.0 MPa 时,应按照计算结果取值;当 σ 计算值小于 4.0 MPa 时,σ 应取 4.0 MPa。

②当没有近期的同一品种、同一强度等级混凝土强度资料时,其强度标准差 σ 可按表1-6取值。

表1-6　强度标准差 σ 值　　　　　　　　　　（单位:MPa）

混凝土强度标准差	≤C20	C25～C45	C50～C55
σ	4.0	5.0	6.0

2) 初步确定水胶比

(1) 混凝土强度等级不大于 C60 时,混凝土水胶比宜按下式计算

$$\frac{W}{B} = \frac{\alpha_a f_b}{f_{cu,0} + \alpha_a \alpha_b f_b} \tag{1-4}$$

式中　α_a、α_b——回归系数;

f_b——胶凝材料 28 d 胶砂强度,MPa。

回归系数宜按下列规定确定:①根据工程所使用的原材料,通过试验建立的水胶比与混凝土强度关系来确定;②当不具备上述试验统计材料时,按表1-7选用。

表1-7　回归系数 α_a、α_b 选用

系数	粗集料品种	
	碎石	卵石
α_a	0.53	0.49
α_b	0.20	0.13

胶砂强度可实测,且试验方法应按现行国家标准《水泥胶砂强度检验方法(ISO 法)》(GB/T 17671—1999)执行,也可按如下规定确定:①根据 3 d 胶砂强度或快测强度推定 28 d 胶砂强度关系式推定 f_b 值;②当胶凝材料 28 d 胶砂强度 f_b 无实测值时,矿物掺合料为粉煤灰和粒化高炉矿渣粉时可按下式计算

$$f_b = \gamma_f \gamma_s f_{ce} \tag{1-5}$$

式中　γ_f、γ_s——粉煤灰影响系数和粒化高炉矿渣粉影响系数,可按表1-8选用;

f_{ce}——水泥强度等级值,MPa。

表 1-8　粉煤灰影响系数 γ_f 和粒化高炉矿渣粉影响系数 γ_s

掺量(%)	种类	
	粉煤灰影响系数 γ_f	粒化高炉矿渣粉影响系数 γ_s
0	1.00	1.00
10	0.85 ~ 0.95	1.00
20	0.75 ~ 0.85	0.95 ~ 1.00
30	0.65 ~ 0.75	0.90 ~ 1.00
40	0.55 ~ 0.65	0.80 ~ 0.90
50	—	0.70 ~ 0.85

当水泥 28 d 胶砂抗压强度($f_{c,e}$)无实测值时,可按下式计算

$$f_{c,e} = \gamma_c f_{ce,g} \tag{1-6}$$

式中　γ_c——水泥强度等级值的富余系数,可按实际统计资料确定,当缺乏实际统计资料时,可按表 1-9 选用;

　　　$f_{ce,g}$——水泥强度等级值,MPa。

表 1-9　水泥强度等级值的富余系数 γ_c

水泥强度等级值	32.5	42.5	52.5
富余系数	1.12	1.16	1.10

(2)按耐久性要求校核水胶比。

在确定水胶比时,应根据混凝土材料耐久性的基本要求,按照耐久性允许的最大水胶比进行校核:取式(1-4)的计算值与表 1-10 规定限值中的小值。

表 1-10　结构混凝土材料的耐久性基本要求(GB 50010—2010)

环境等级	最大水胶比	最低强度等级	最大氯离子含量(%)	最大碱含量(kg/m³)
一	0.60	C20	0.30	不限制
二 a	0.55	C25	0.20	3.00
二 b	0.50(0.55)	C30(C25)	0.15	3.00
三 a	0.45(0.50)	C35(C30)	0.15	3.00
三 b	0.40	C40	0.10	3.00

3)用水量和外加剂用量

(1)根据粗集料品种、粒径及施工要求的混凝土拌和物稠度值选择每立方米混凝土拌和物的用水量。每立方米干硬性或塑性混凝土的用水量(m_{w0})应符合下列规定:

①混凝土水胶比在 0.40 ~ 0.80 范围时,可按表 1-11 和表 1-12 选取;

②混凝土水胶比小于 0.40 时,可通过试验确定。

表 1-11　干硬性混凝土的用水量　　　　　　　　　（单位:kg/m³）

拌和物稠度		卵石最大公称粒径(mm)			碎石最大粒径(mm)		
项目	指标	10.0	20.0	40.0	16.0	20.0	40.0
维勃稠度 (s)	16 ~ 20	175	160	145	180	170	155
	11 ~ 15	180	165	150	185	175	160
	5 ~ 10	185	170	155	190	180	165

注:1. 采用Ⅰ级、Ⅱ级粉煤灰宜取上限值。

　2. 采用 S75 级粒化高炉矿渣粉宜取下限值,采用 S95 级粒化高炉矿渣粉宜取上限值,采用 S105 级粒化高炉矿渣粉
　　宜取上限值 0.05。

　3. 当超出表中掺量时,粉煤灰和粒化高炉矿渣粉影响系数应经试验确定。

表 1-12　塑性混凝土的用水量　　　　　　　　　（单位:kg/m³）

拌和物稠度		卵石最大粒径(mm)				碎石最大粒径(mm)			
项目	指标	10.0	20.0	31.5	40.0	16.0	20.0	31.5	40.0
坍落度 (mm)	10 ~ 30	190	170	160	150	200	185	175	165
	35 ~ 50	200	180	170	160	210	195	185	175
	55 ~ 70	210	190	180	170	220	105	195	185
	75 ~ 90	215	195	185	175	230	215	205	195

注:1. 本表用水量系采用中砂时的取值。采用细砂时,每立方米混凝土用水量可增加 5 ~ 10 kg;采用粗砂时,可减少
　　5 ~ 10 kg。

　2. 掺用矿物掺合料和外加剂时,用水量应相应调整。

（2）每立方米流动性或大流动性混凝土的用水量（m_{w0}）可按下式计算

$$m_{w0} = m'_{w0}(1 - \beta) \tag{1-7}$$

式中　m'_{w0}——掺外加剂时推定的满足实际坍落度要求的每立方米混凝土用水量,kg/m³,
　　　　　　以表 1-12 中 90 mm 坍落度的用水量为基础,按每增大 20 mm 坍落度相应增
　　　　　　加 5 kg/m³ 用水量来计算,当坍落度增大到 180 mm 以上时,随坍落度相应增
　　　　　　加的用水量可减少。

　　　β——外加剂的减水率(%),应经混凝土试验确定。

（3）每立方米混凝土中外加剂用量应按下式计算

$$m_{a0} = m_{b0}\beta_a \tag{1-8}$$

式中　m_{a0}——每立方米混凝土中外加剂用量,kg/m³;

　　　m_{b0}——每立方米混凝土中胶凝材料用量,kg/m³;

　　　β_a——外加剂掺量(%),应经混凝土试验确定。

4）胶凝材料、矿物掺合料和水泥用量

（1）每立方米混凝土的胶凝材料用量（m_{b0}）计算式如下

$$m_{b0} = \frac{m_{w0}}{W/B} \tag{1-9}$$

式中　m_{w0}——计算配合比每立方米混凝土的用水量,kg/m³;

　　　W/B——混凝土水胶比。

（2）每立方米混凝土的矿物掺合料用量（m_{f0}）计算式如下

$$m_{f0} = m_{b0}\beta_f \tag{1-10}$$

式中　m_{f0}——每立方米混凝土中矿物掺合料用量，kg；

　　　β_f——计算水胶比过程中确定的矿物掺合料掺量（%）。

（3）每立方米混凝土的水泥用量（m_{c0}）计算式如下

$$m_{c0} = m_{b0} - m_{f0} \tag{1-11}$$

式中　m_{c0}——每立方米混凝土中水泥用量，kg。

（4）以耐久性检验胶凝材料用量。

在确定水胶比时，应根据混凝土材料耐久性的基本要求，按照耐久性允许的最小胶凝材料用量进行校核：除配制 C15 及其以下强度等级的混凝土外，取胶凝材料的计算值与表 1-13 规定限值中的大值。

表 1-13　混凝土的最小胶凝材料用量

最大水胶比	最小胶凝材料用量（kg/m³）		
	素混凝土	钢筋混凝土	预应力混凝土
0.60	250	280	300
0.55	280	300	300
0.50	320		
≤0.45	330		

5）砂率

当无历史资料可参考时，混凝土砂率的确定应符合下列规定：

（1）坍落度小于 10 mm 的混凝土，其砂率应经试验确定。

（2）坍落度为 10~60 mm 的混凝土砂率，可根据粗集料品种、最大公称粒径及水胶比按表 1-14 选取。

（3）坍落度大于 60 mm 的混凝土砂率，可经试验确定，也可在表 1-14 的基础上，按坍落度每增大 20 mm、砂率增大 1% 的幅度予以调整。

表 1-14　混凝土的砂率　　　　　　　　　　　　　　　　（%）

水胶比（W/B）	卵石最大公称粒径（mm）			碎石最大粒径（mm）		
	10.0	20.0	40.0	16.0	20.0	40.0
0.40	26~32	25~31	24~30	30~35	29~34	27~32
0.50	30~35	29~34	28~33	33~38	32~37	30~35
0.60	33~38	32~37	31~36	36~41	35~40	33~38
0.70	36~41	35~40	34~39	39~44	38~43	36~41

注：1. 本表数值系中砂的选用砂率，对细砂或粗砂，可相应地减少或增大砂率。

　　2. 采用人工砂配制混凝土时，砂率可适当增大。

　　3. 只用一个单粒级粗集料配制混凝土时，砂率应适当增大。

　　4. 对薄壁构件，砂率宜取偏大值。

6)粗、细集料用量

(1)采用质量法计算粗、细集料用量时,应按下列公式计算

$$m_{f0} + m_{c0} + m_{g0} + m_{s0} + m_{w0} = m_{cp} \tag{1-12}$$

$$\beta_s = \frac{m_{s0}}{m_{g0} + m_{s0}} \times 100\% \tag{1-13}$$

式中　m_{g0}——每立方米混凝土的粗集料用量,kg/m^3;

m_{s0}——每立方米混凝土的细集料用量,kg/m^3;

m_{w0}——每立方米混凝土的用水量,kg/m^3;

β_s——砂率(%);

m_{f0}——每立方米混凝土的矿物掺合料用量,kg;

m_{cp}——每立方米混凝土拌和物的假定质量,kg/m^3,可取 2 350 ~ 2 450 kg/m^3。

(2)采用体积法计算粗、细集料用量时,应按下式计算

$$\frac{m_{c0}}{\rho_c} + \frac{m_{f0}}{\rho_f} + \frac{m_{g0}}{\rho_g} + \frac{m_{s0}}{\rho_s} + \frac{m_{w0}}{\rho_w} + 0.01\alpha = 1 \tag{1-14}$$

式中　ρ_c——水泥密度,kg/m^3,应按《水泥密度测定方法》(GB/T 208—94)测定,也可取
　　　　2 900 ~ 3 100 kg/m^3;

ρ_f——矿物掺合料密度,kg/m^3,可按《水泥密度测定方法》(GB/T 208—94)测定;

ρ_g——粗集料的表观密度,kg/m^3,应按现行行业标准《普通混凝土用砂、石质量及检
　　　　验方法标准》(JGJ 52—2006)测定;

ρ_s——细集料的表观密度,kg/m^3,应按现行行业标准《普通混凝土用砂、石质量及检
　　　　验方法标准》(JGJ 52—2006)测定;

ρ_w——水的密度,kg/m^3,可取 1 000 kg/m^3;

α——混凝土的含气量百分数,在不使用引气型外加剂时,α可取为1。

2. 基准配合比

(1)试拌混凝土所用各种原材料均应满足与实际工程使用的材料相同,集料称重以干燥状态为准。

(2)每盘混凝土试配的最小搅拌量应符合表 1-15 的规定,并不应小于搅拌机公称容量的 1/4 且不应大于搅拌机公称容量。

表 1-15　混凝土试配的最小搅拌量

粗集料最大公称粒径(mm)	最小搅拌量(L)
≤31.5	20
40.0	25

(3)应在计算配合比的基础上进行试拌。宜在水胶比保持不变的条件下,并应通过调整配合比其他参数使混凝土拌和物性能符合设计和施工要求,然后修正计算配合比,提出试拌配合比。

3. 检验强度确定实验室配合比

1)制作试件,检验强度

(1)为检验试件强度,应至少采用三个不同的配合比。当采用三个不同的配合比时,其

中一个初步配合比应为试拌配合比,另外两个配合比的水胶比宜较试拌配合比分别增加和减小 0.05,用水量应与试拌配合比相同,砂率可分别增加和减小 1%。

(2)进行混凝土强度试验时,每种配合比至少应制作一组试件;进行混凝土强度试验时,应继续保持拌和物性能符合设计和施工要求,并检验其坍落度或维勃稠度、黏聚性、保水性及表观密度等,作为相应配合比的混凝土拌和物性能指标。标准养护到 28 d 或设计强度要求的龄期时试压。

2)确定实验室配合比

(1)根据混凝土强度试验结果,绘制强度和胶水比的线性关系图,用图解法或插值法求出与略大于配制强度的强度对应的胶水比,包括混凝土强度试验中的一个满足配制强度的胶水比。

(2)用水量(m_w)应在试拌配合比用水量的基础上,根据混凝土强度试验时实测的拌和物性能情况作适当调整。

(3)胶凝材料用量(m_b)应以用水量乘以图解法或插值法求出的胶水比计算得出。

(4)粗集料和细集料用量(m_g 和 m_s)应在用水量和胶凝材料用量调整的基础上,进行相应调整。

3)配合比的校正

(1)调整后的混凝土拌和物的表观密度计算值

$$\rho_{c,c} = m_c + m_f + m_g + m_s + m_w \tag{1-15}$$

式中　$\rho_{c,c}$——混凝土拌和物的表观密度计算值,kg/m³;

m_c——每立方米混凝土的水泥用量,kg/m³;

m_f——每立方米混凝土的矿物掺合料用量,kg/m³;

m_g——每立方米混凝土的粗集料用量,kg/m³;

m_s——每立方米混凝土的细集料用量,kg/m³;

m_w——每立方米混凝土的用水量,kg/m³。

(2)混凝土配合比校正系数 δ

$$\delta = \frac{\rho_{c,t}}{\rho_{c,c}} \tag{1-16}$$

式中　$\rho_{c,t}$——混凝土拌和物表观密度实测值,kg/m³;

$\rho_{c,c}$——混凝土拌和物表观密度计算值,kg/m³。

(3)当混凝土拌和物表观密度实测值与计算值之差的绝对值不超过计算值的 2% 时,则调整的配合比可维持不变;当二者之差超过 2% 时,应将配合比中每项材料用量均乘以校正系数 δ。

$$\left.\begin{array}{l} m'_{cb} = m_{cb} \times \delta \\ m'_{sb} = m_{sb} \times \delta \\ m'_{gb} = m_{gb} \times \delta \\ m'_{wb} = m_{wb} \times \delta \end{array}\right\} \tag{1-17}$$

(4)配合比调整后,应测定拌和物水溶性氯离子含量,并应对设计要求的混凝土耐久性能进行试验,符合设计规定的氯离子含量和耐久性能要求的配合比方可确定设计配合比,见

表 1-10。

4. 换算施工配合比

由于施工现场的砂、石为露天放置,都含有一部分的水,而配合比计算过程中所有材料以干质量计算,因此施工现场应根据砂、石实际含水率将实验室配合比换算为施工配合比。

设施工现场实测砂、石的含水率为 $a\%$、$b\%$,则 1 m³ 的混凝土各种材料用量为

$$\left.\begin{aligned} m_c &= m'_{cb} \\ m_s &= m'_{cs}(1 + a\%) \\ m_g &= m'_{cg}(1 + b\%) \end{aligned}\right\} \tag{1-18}$$

五、例题

预应力钢筋混凝土箱梁用混凝土配合比设计。

【原始资料】

混凝土设计强度等级为 C50,要求拌和物坍落度为 90 ~ 110 mm,环境等级为一级。

组成材料:

(1)水泥:普通硅酸盐水泥 52.5 级,密度为 3 000 kg/m³,实测强度为 56.8 MPa。

(2)外加剂:TL – F 萘系高效减水剂,经混凝土试验确定其减水率为 13%,经试验外加剂掺量为 1.2%。

(3)砂:中砂,级配合格,砂表观密度为 2 650 kg/m³。

(4)石材:所用石材为碎石,最大粒径为 40 mm,表观密度 2 720 kg/m³。

【设计要求】

按初步配合比在实验室里调整试配,得出实验室配合比。

【设计步骤】

(一)初步配合比设计

1. 混凝土配制强度 $f_{cu,0}$

$$f_{cu,0} \geq f_{cu,k} + 1.645\sigma$$

$$f_{cu,0} = 50 + 1.645 \times 6.0 = 59.87 (\text{MPa})$$

2. 确定水胶比

$$W/B = \frac{\alpha_b f_b}{f_{cu,0} + \alpha_a \alpha_b f_b} = \frac{0.53 \times 56.8}{59.87 + 0.53 \times 0.20 \times 56.8} = 0.46$$

按耐久性校核水胶比:查表 1-10,环境等级为一级时,最大水胶比为 0.60;计算值 0.46 < 0.60,故选取水胶比为 0.46。

3. 用水量

经计算水胶比为 0.46,混凝土坍落度要求为 90 mm,所用石材为碎石,最大粒径为 40 mm,查表 1-12 知,单位用水量为 195 kg/m³,则当坍落度为 90 ~ 110 mm 时,所用水量 m_{w0} 为

$$m_{w0} = m'_{w0}(1 - \beta) = 200 \times (1 - 0.13) = 174 (\text{kg/m}^3)$$

4. 胶凝材料、矿物掺合料和水泥用量

(1)每立方米混凝土的胶凝材料用量(m_{b0})

$$m_{b0} = \frac{m_{w0}}{W/B}(1 - \beta)K_p = \frac{174}{0.46} \times (1 - 0.13) \times 1.11 = 365(kg/m^3)$$

（2）每立方米混凝土的水泥用量（m_{c0}）

$$m_{c0} = m_{b0} - m_{f0} = 365 \ kg/m^3$$

（3）以耐久性检验胶凝材料用量：经查表 1-13 规定限值为 320 kg/m^3，计算值为 365 kg/m^3，故选择水泥用量为 365 kg/m^3。

（4）每立方米混凝土中外加剂用量

$$m_{a0} = m_{b0}\beta_a = 365 \times 1.2\% = 4.38(kg/m^3)$$

5. 砂率

经查表 1-14，取砂率为 30%；假设混凝土的密度为 2 400 kg/m^3。

6. 粗、细集料用量

（1）采用质量法计算粗、细集料用量

$$\left.\begin{array}{l} m_{w0} + m_{c0} + m_{s0} + m_{g0} = m_{cp} \\[2mm] \beta_s = \dfrac{m_{s0}}{m_{s0} + m_{g0}} \\[2mm] 174 + 365 + m_{s0} + m_{g0} = 2\ 400 \\[2mm] 30\% = \dfrac{m_{s0}}{m_{s0} + m_{g0}} \end{array}\right\}$$

经计算求得：$m_{s0} = 558 \ kg/m^3$，$m_{g0} = 1\ 303 \ kg/m^3$，故混凝土的初步配合比为 $m_{c0} : m_{s0} : m_{g0} = 1 : 1.53 : 3.57, W/B = 0.46$。

（2）采用体积法计算粗、细集料用量时，应按下列公式计算

$$\left.\begin{array}{l} \dfrac{m_{c0}}{\rho_c} + \dfrac{m_{w0}}{\rho_w} + \dfrac{m_{f0}}{\rho_f} + \dfrac{m_{s0}}{\rho_s} + \dfrac{m_{g0}}{\rho_g} + 0.01\alpha = 1 \\[3mm] \beta_s = \dfrac{m_{s0}}{m_{s0} + m_{g0}} \\[3mm] \dfrac{365}{3\ 000} + \dfrac{174}{1\ 000} + \dfrac{m_{s0}}{2\ 650} + \dfrac{m_{g0}}{2\ 720} + 0.01 \times 1 = 1 \\[3mm] 30\% = \dfrac{m_{s0}}{m_{s0} + m_{g0}} \end{array}\right\}$$

计算求得：$m_{s0} = 595 \ kg/m^3$，$m_{g0} = 1\ 388 \ kg/m^3$，故混凝土的初步配合比为 $m_{c0} : m_{s0} : m_{g0} = 1 : 1.63 : 3.80, W/B = 0.46$。

（二）调整工作性质，提出基准配合比

1. 试拌材料用量

以初步配合比为计算前提（以体积法为例），根据表 1-15 的规定，取拌量为 25 L,则各材料用量为

水泥： $$365 \times \frac{25}{1\ 000} = 9.125(kg)$$

水： $$174 \times \frac{25}{1\ 000} = 4.35(kg)$$

砂： $$595 \times \frac{25}{1\,000} = 14.875(\text{kg})$$

石： $$1\,388 \times \frac{25}{1\,000} = 34.7(\text{kg})$$

减水剂： $$4.38 \times \frac{25}{1\,000} = 0.11(\text{kg})$$

2. 调整工作性

按计算材料用量拌制混凝土拌和物,测定其坍落度为 101 mm,满足拌和物的坍落度要求,则初步配合比为其基准配合比,即基准配合比为

$$m_{c0} : m_{s0} : m_{g0} = 1 : 1.63 : 3.80, W/B = 0.46$$

(三) 检验强度、测定实验室配合比

1. 检验强度

采用水胶比分别为 0.41、0.46、0.51,拌制三组混凝土拌和物。砂、石、水、外加剂质量不变,三组拌和物坍落度满足设计要求,拌制成形后,在标准状态下养护至 28 d,测得立方体抗压强度值见表 1-16。

表 1-16 立方体抗压强度值

组别	水胶比	28 d 立方体抗压强度值(MPa)
A	0.41	62.1
B	0.46	56.6
C	0.51	51.2

根据表 1-16 试验结果,绘制混凝土 28 d 立方体抗压强度与水胶比倒数的关系图。

由图可知,配制强度为 59.87 MPa,其对应的水胶比的倒数为 2.331,故水胶比为 0.43。

2. 确定实验室配合比

(1)按强度试验结果修正配合比,各材料用量为

水量： $$m_{w0} = 174 \text{ kg}$$

水泥： $$m_{cb} = 174/0.43 = 405(\text{kg})$$

砂、石量：
$$\left. \begin{array}{c} \dfrac{m_{sb}}{2\,650} + \dfrac{m_{gb}}{2\,720} = 1 - \dfrac{405}{3\,000} - \dfrac{174}{1\,000} - 0.01 \times 1 \\[3mm] \dfrac{m_{sb}}{m_{sb} + m_{gb}} = 30\% \end{array} \right\}$$

外加剂:4.38 kg

经计算: $m_{sb} = 584 \text{ kg/m}^3$, $m_{gb} = 1\,362 \text{ kg/m}^3$

修正后配合比为 $m_{cb} : m_{sb} : m_{gb} = 1 : 1.44 : 3.36, W/B = 0.43$

(2)计算表观密度： $\rho_{c,c} = 405 + 174 + 584 + 1\,362 + 4.38 = 2\,529(\text{kg/m}^3)$

实测表观密度： $\rho_{c,t} = 2\,590 \text{ kg/m}^3$

$(\rho_{c,t} - \rho_{c,c})/\rho_{c,c} = (2\,590 - 2\,529)/2\,529 = 2.4\% > 2\%$,则混凝土配合比应进行修正。

修正系数： $$\delta = \frac{\rho_{c,t}}{\rho_{c,c}} = \frac{2\,590}{2\,529} = 1.02$$

修正后各材料用量为

水泥：$m_c = 405 \times 1.02 = 413 (\text{kg})$

水量：$m_w = 174 \times 1.02 = 177 (\text{kg})$

砂量：$m_s = 584 \times 1.02 = 596 (\text{kg})$

石量：$m_g = 1\,362 \times 1.02 = 1\,389 (\text{kg})$

外加剂：$4 \times 1.02 = 4.08 (\text{kg})$

因此，实验室配合比为 $m_c : m_s : m_g = 1 : 1.44 : 3.36, W/B = 0.43$。

（四）换算施工配合比

根据施工现场实测，砂的含水率为2%，石材含水率为3%，各材料用量为

水泥：$m_c = 413 \text{ kg}$

水量：$m_w = 177 - 596 \times 2\% - 1\,389 \times 3\% = 123 (\text{kg})$

砂量：$m_s = 596 \times (1 + 2\%) = 608 (\text{kg})$

石量：$m_g = 1\,389 \times (1 + 3\%) = 1\,431 (\text{kg})$

外加剂：$4 \times 1.02 = 4.08 (\text{kg})$

因此，该混凝土的施工配合比为 $m_c : m_s : m_g = 1 : 1.47 : 3.46, W/B = 0.43$。

六、小练习

（1）简述普通水泥混凝土配合比的步骤。

（2）新拌水泥混凝土的主要技术性质有哪些？

（3）影响水泥混凝土最终强度的因素有哪些？

（4）在完成水泥混凝土配合比设计时拌制混合料的坍落度未达到施工要求，有哪些方法调整可使其达到工作性要求？

（5）在普通水泥混凝土配合比设计过程中，单位用水量和砂率分别根据哪些要求确定？

第二节　路面水泥混凝土配合比设计

● **技术标准**：《公路水泥混凝土路面设计规范》（JTG D40—2002）

《公路水泥混凝土路面施工技术规范》（JTG F30—2003）

《通用硅酸盐水泥》（GB 175—2007）

《建设用卵石、碎石》（GB/T 14685—2011）

《建设用砂》（GB/T 14684—2011）

● **检测依据**：《公路工程集料试验规程》（JTG E42—2005）

《公路工程水泥及水泥混凝土试验规程》（JTG E30—2005）

一、路面水泥混凝土配合比基本要求

路面水泥混凝土配合比应满足：①施工工作性；②抗弯拉强度；③耐久性（包括耐磨性）；④经济合理。

水泥混凝土路面用水泥强度等级与品种应根据路面的交通等级所要求的设计抗弯拉强度、抗压强度来确定（见表1-17）。若水泥的供应条件允许，应优先选用早强型水泥，以缩短养护时间。

表 1-17　各交通等级路面水泥各龄期的抗弯拉强度、抗压强度

交通等级	特重		重		中、轻	
龄期(d)	3	28	3	28	3	28
抗压强度(MPa)，≥	25.5	57.5	22.0	52.5	16.0	42.5
抗弯拉强度(MPa)，≥	4.5	7.5	4.0	7.0	3.5	6.5

二、路面水泥混凝土原材料要求

(一)掺合料

高速公路、一级公路水泥混凝土路面，在使用掺有10%以内活性混合材料的道路硅酸盐水泥和掺有6%~15%活性混合材料的道路硅酸盐水泥，以及掺有6%~15%活性混合材料或10%非活性混合材料的普通硅酸盐水泥时，不得再掺火山灰、煤矸石、窑灰和黏土四种混合材料。路面有抗盐冻要求时，不宜使用掺5%石灰石粉的Ⅱ型硅酸盐水泥和普通硅酸盐水泥。

(二)水泥的化学成分、物理性能

各级公路检测路面用水泥的化学成分和物理指标检测项目有：铝酸三钙含量、铁铝酸四钙含量、游离氧化钙含量、氧化镁含量、三氧化硫含量、碱含量、混合材料种类、安定性、标准稠度用水量、比表面积、烧失量、80 μm 筛余量、初凝时间、终凝时间、28 d 干缩率、耐磨性。

水泥进场每批均应附有齐全的化学成分、物理力学指标合格的检验证明。

(三)粉煤灰

(1)滑模摊铺路面混凝土可掺用符合Ⅰ、Ⅱ级质量要求的干排磨细粉煤灰；Ⅲ级粉煤灰除非经过试验论证，否则不得使用。

(2)在路面水泥混凝土中使用粉煤灰时，应确切了解所用水泥中已经掺加混合材料的种类和质量。

(3)粉煤灰进货应有等级检验报告。滑模施工宜采用散装干粉煤灰，不得使用湿或潮湿粉煤灰，禁止使用已结块的粉煤灰。

(四)粗集料

1. 技术指标

粗集料应使用质地坚硬、耐久、洁净的碎石及碎卵石和卵石，并应符合表1-18的规定。

高速公路，一级公路，二级公路及有抗(盐)冻要求的三、四级公路混凝土路面使用的粗集料级别应不低于Ⅱ类；无抗(盐)冻要求的三、四级公路混凝土路面、碾压混凝土及贫混凝土基层可使用Ⅲ类粗集料。有抗(盐)冻要求时，Ⅰ类集料吸水率不应大于1.0%，Ⅱ类集料吸水率不应大于2.0%。

表 1-18　碎石、碎卵石和卵石技术指标

项目	技术指标		
	Ⅰ类	Ⅱ类	Ⅲ类
碎石压碎指标(%)	<10	<15	<20
卵石压碎指标(%)	<12	<14	<16
坚固性(按质量损失计,%)	<5	<8	<12
针、片状颗粒含量(按质量计)	<5	<5	<20
含泥量(按质量计,%)	<0.5	<1.0	<1.5
泥块含量(按质量计,%)	<0	<0.2	<0.5
有机物含量(比色法)	合格	合格	合格
硫化物及硫酸盐(按 SO_3 质量计)	<0.5	<1.0	<1.0
岩石抗压强度	火成岩不应小于 100 MPa,变质岩不应小于 80 MPa,火成岩不应小于 60 MPa		
表观密度(kg/m³)	>2 500		
松散堆积密度(kg/m³)	>1 350		
空隙率(%)	<47		
碱－集料反应	经碱－集料反应试验后,试件无裂缝、酥缝、胶体外溢等现象,在规定龄期的膨胀率应小于0.10%		

2. 粒径及级配

作为路面和桥面混凝土的粗集料不得使用不分粒级的统料,应按最大公称粒径的不同采用,碎卵石最大公称粒径不应大于 26.5 mm,碎石最大公称粒径不应大于 31.5 mm,碎卵石或卵石中粒径小于 75 μm 的石粉含量不宜大于 1%。

粗集料级配范围见表 1-19。

(五)细集料

1. 技术指标

细集料可采用质地坚硬及坚固性符合要求的洁净河砂、机制砂、沉积砂和山砂。高速公路路面混凝土用砂,其硅质砂或石英砂的含量不宜低于 25%。高等级公路、二级公路及有抗盐冻要求的其他等级公路,细集料的技术等级不应低于Ⅱ类;无抗(盐)冻要求的其他等级公路,细集料的技术等级可放宽到Ⅲ类。机制砂应进行磨光值试验,其磨光值不宜小于 35。

细集料的检测项目有:机制砂单粒级最大压碎指标,氯化物,坚固性,云母,天然砂、机制砂含泥量,天然砂、机制砂泥块含量,机制砂 MB 值 1.4 或合格石粉含量,机制砂 MB 值 1.4 或不合格石粉含量,有机物含量,硫化物和硫酸盐,轻物质,机制砂母岩抗压强度、表观密度,松散堆积密度,空隙率,碱－集料反应。

2. 级配范围

路面混凝土用砂细度模数不宜小于 2.5。细砂、中砂或粗砂,级配应符合表 1-20 的级配要求。

表 1-19　粗集料级配范围

级配类型	公称料级(mm)	方孔尺寸(mm)							
		2.36	4.75	9.50	16.0	19.0	26.5	31.5	37.5
		累计筛余百分率(%)							
连续级配	4.75~16	95~100	85~100	40~60	0~10				
	4.75~19	95~100	85~95	60~75	30~45	0~5	0		
	4.75~26.5	95~100	90~100	70~90	50~70	25~40	0~5	0	
	4.75~31.5	95~100	90~100	75~90	60~75	40~60	20~35	0~5	0
单粒级	4.75~9.5	95~100	80~100	0~15	0				
	9.5~16		95~100	80~100	0~15	0			
	9.5~19		95~100	85~100	40~60	0~15	0		
	16~26.5		95~100	85~100	55~70	25~40	0~10	0	
	16~31.5		95~100	90~100	85~100	55~70	25~40	0~10	0

表 1-20　细集料级配范围

砂分级	方孔筛尺寸(mm)					
	0.15	0.30	0.60	1.18	2.36	4.75
	累计筛余百分率(以质量计,%)					
粗砂	90~100	80~95	71~85	35~65	5~35	0~10
中砂	90~100	70~92	41~70	10~50	0~25	0~10
细砂	90~100	55~85	16~40	0~25	0~15	0~10

(六)水

(1)硫酸盐含量(按 SO_4^{2-} 计)小于 27 mg/m^3。

(2)含盐量不得超过 5 mg/m^3。

(3)pH 值不得小于 4。

(4)不得含有油污。

(5)海水不得作为混凝土拌和用水。

(七)外加剂

(1)外加剂的产品必须符合技术要求。

(2)外加剂品种视现场气温、运距和混凝土拌和物振动黏度系数、坍落度及其损失、抗滑性、弯拉强度、耐磨性等需要选用。

(3)减水剂应采用减水率较高、坍落度损失较小、损失速率较慢的复合型减水剂。

(4)滑模摊铺路面水泥混凝土中应使用引气剂。

(5)外加剂掺量应通过适应性检验,并由混凝土试配试验确定。

(6)减水剂与引气剂或其他外加剂复合掺用或复配时,应注意它们的共溶性,防止外加剂溶液发生絮凝、沉淀现象。

三、原材料检验

(1)试验前准备:对集料进行四分缩分取样(前已述及,此处从略)。
(2)检验原材料的各项指标。

四、矿质混合料配合比设计

(一)计算初步配合比

1.确定配制强度

$$f_c = \frac{f_r}{1 - 1.04C_v} + ts \tag{1-19}$$

式中 f_c ——混凝土配制 28 d 抗弯拉强度的均值,MPa;

f_r ——混凝土设计抗弯拉强度,MPa;

s ——抗拉弯强度试验样本的标准差,MPa;

t ——保证率系数,按表 1-21 确定;

C_v ——抗弯拉强度变异系数,按统计数据在表 1-22 的规定范围内取值。

表 1-21 保证率系数

公路等级	判断频率	样本数(组)				
		3	6	9	15	20
高速公路	0.05	1.36	0.79	0.61	0.45	0.39
一级公路	0.10	0.95	0.59	0.46	0.35	0.30
二级公路	0.15	0.72	0.46	0.37	0.28	0.24
三级公路	0.20	0.56	0.37	0.29	0.22	0.19

表 1-22 各级公路混凝土路面抗弯拉强度变异系数

公路等级	高速公路	一级公路		二级公路	三级公路	
混凝土抗弯拉强度变异系数水平等级	低	低	中	中	中	高
抗弯拉强度变异系数允许变化范围	0.05 ~ 0.10	0.05 ~ 0.10	0.10 ~ 0.15	0.10 ~ 0.15	0.10 ~ 0.15	0.15 ~ 0.20

2.计算水胶比

混凝土拌和物的水胶比,根据已知的混凝土配制抗弯拉强度和水泥的实际弯拉强度,代入式(1-20)和式(1-21)得出水胶比。

对碎石混凝土

$$\frac{W}{B} = \frac{1.568\,4}{f_c + 1.009\,7 - 0.359\,5f_s} \tag{1-20}$$

对卵石混凝土

$$\frac{W}{B} = \frac{1.261\,8}{f_c + 1.549\,2 - 0.470\,9f_s} \tag{1-21}$$

式中　f_c——混凝土配制 28 d 抗弯拉强度的均值,MPa;

　　　f_s——水泥实际抗压强度,MPa;

　　　W/B——水胶比。

掺用粉煤灰时,应计入超量取代中代替水泥的那部分粉煤灰用量(代替砂的超量部分不计入),用水胶比代替水灰比。水胶比不得超过表 1-23 的最大水胶比。

表 1-23　混凝土满足耐久性要求的最大水胶比

公路等级	高速公路、一级公路	二级公路	三、四级公路
最大水胶比	0.44	0.46	0.48
抗冰冻要求最大水胶比	0.42	0.44	0.46
抗盐冻要求最大水胶比	0.40	0.42	0.44

3. 计算单位用水量

混凝土拌和物单位用水量按式(1-22)和式(1-23)计算。

对碎石混凝土

$$W_0 = 104.97 + 0.309S_L + 11.27\frac{B}{W} + 0.61S_P \tag{1-22}$$

对卵石混凝土

$$W_0 = 86.89 + 0.370S_L + 11.24\frac{B}{W} + 1.00S_P \tag{1-23}$$

式中　S_L——混凝土拌和物坍落度,mm;

　　　S_P——砂率(%),参考表 1-24 选定。

按式(1-22)和式(1-23)计算出的用水量是按集料为自然风干状态计的。

表 1-24　砂的细度模数与最优砂率关系

砂细度模数		2.2~2.5	2.5~2.8	2.8~3.1	3.1~3.4	3.4~3.7
砂率 S_P	碎石	30~34	32~36	34~38	36~40	38~42
(%)	卵石	28~32	30~34	32~36	34~38	36~40

注:碎卵石可在碎石和卵石之间内插取值。

掺外加剂的混凝土单位用水量按式(1-24)计算

$$W_{w0} = W_0(1 - \beta) \tag{1-24}$$

式中　W_{w0}——掺外加剂混凝土的单位用水量,kg/m^3;

　　　β——所用外加剂剂量的实测减水率(%)。

4. 计算单位水泥用量(m_{c0})

混凝土拌和物每立方米的水泥用量按式(1-25)计算

$$m_{c0} = \frac{m_{w0}}{\dfrac{W}{B}} \tag{1-25}$$

单位水泥用量不得小于表 1-25 中按耐久性要求的最小单位水泥用量。

表 1-25　混凝土满足耐久性要求的最小单位水泥用量

公路等级		高速公路、一级公路	二级公路	三、四级公路
最小单位水泥用量	42.5 级	300	300	300
（kg/m³）	32.5 级	310	310	305
抗冰（盐）冻时最小单位水泥用量	42.5 级	320	320	315
（kg/m³）	32.5 级	330	330	325
掺粉煤灰时最小单位水泥用量	42.5 级	260	260	255
（kg/m³）	32.5 级	280	270	265
抗冰（盐）冻掺粉煤灰最小单位水泥用量 （42.5 级水泥）（kg/m³）		280	270	265

5. 计算砂石材料单位用量

砂石单位用量可按前述绝对体积法和质量法确定。

按质量法计算时，混凝土单位质量可选用 2 400 ~ 2 450 kg/m³；按体积法计算时，应计入设计含气量。采用超量取代法掺用粉煤灰时，超量部分应代替砂，并折减用砂量。

（二）配合比调整

1. 试拌

按初步计算配合比进行调整：流动性不满足要求时，应在水胶比不变的情况下，增减水泥浆用量；如果黏聚性或保水性不符合要求，则调整砂率的大小。

2. 实测拌和物相对密度

由于在计算砂、石用量时未考虑含气量，故应实测混凝土拌和物捣实后的相对密度，并对各组成材料的用量进行最后调整，以确定基准配合比。

3. 强度复核

按试拌调整后的道路混凝土配合比，同时配制和易性满足设计要求的较计算配合比水胶比增大 0.03 或减小 0.03 共三组混凝土试件，经标准养护 28 d，测其抗折强度，选定既满足设计要求，又节约水泥的配合比为实验室配合比。

4. 施工配合比的换算

根据施工现场材料性质、砂石材料颗粒表面含水量，对理论配合比进行换算，最后得出施工配合比。

五、例题

（一）例题一

试设计某高速公路路面用水泥混凝土配合比（以弯拉强度为设计指标的设计方法）。

【原始资料】

（1）某高速公路路面工程用混凝土（无抗冰冻性要求），要求混凝土设计弯拉强度标准值 f_r 为 5.0 MPa，施工单位混凝土弯拉强度样本的标准差 s 为 0.4 MPa（$n = 9$）。混凝土由机械搅拌并振捣，采用滑模摊铺机摊铺，施工要求坍落度 30 ~ 50 mm。

（2）组成材料：硅酸盐水泥 P. Ⅱ型 42.5 级，实测水泥 28 d 抗折强度为 8.2 MPa，水泥密

度 $\rho_c = 3\,100\ \text{kg/m}^3$;中砂:表观密度 $\rho_s = 2\,630\ \text{kg/m}^3$,施工现场砂含水率为 2%,细度模数 2.6;碎石:粒径为 5 ~ 40 mm,表观密度 $\rho_g = 2\,700\ \text{kg/m}^3$,振实密度 $\rho_{g0} = 1\,701\ \text{kg/m}^3$,施工现场碎石含水率为 1%;水:自来水。

【设计步骤】

1. 确定初步配合比

1)计算配制抗弯拉强度(f_c)

当高速公路路面混凝土样本数为 9 时,保证系数 t 为 0.61。

高速公路路面混凝土变异水平等级为"低",混凝土抗弯拉强度变异系数 $C_v = 0.05 \sim 0.10$,取中值 0.075。

根据设计要求,$f_r = 5.0$ MPa,将以上参数带入式(1-19),混凝土配制抗弯拉强度为

$$f_c = \frac{f_r}{1 - 1.04C_v} + ts = \frac{5.0}{1 - 1.04 \times 0.075} + 0.61 \times 0.4 = 5.67(\text{MPa})$$

2)确定水胶比(W/B)

(1)按抗弯拉强度计算水胶比。由所给资料水泥实测抗弯折强度 $f_s = 8.2$ MPa。

计算得到的混凝土配制抗弯拉强度 $f_c = 5.67$ MPa,粗集料为碎石,代入式(2-20)计算混凝土的水胶比 W/B

$$\frac{W}{B} = \frac{1.586\,4}{f_c + 1.009\,7 - 0.359\,5f_s} = \frac{1.586\,4}{5.67 + 1.009\,7 - 0.359\,5 \times 8.2} = 0.42$$

(2)耐久性校核。混凝土为高速公路路面所用,无抗冰(盐)冻性要求,查表 1-23,得最大水胶比为 0.44,故按照强度计算的水胶比结果符合耐久性要求,取水胶比 $W/B = 0.42$,胶水比 $B/W = 2.38$。

3)确定砂率(S_P)

由砂的细度模数 2.6,查表 1-24 碎石,取混凝土砂率 $S_P = 34\%$。

4)确定单位用水量(m_{w0})

由坍落度要求为 30 ~ 50 mm,取 40 mm,胶水比 $B/W = 2.38$,砂率 34% 代入式(1-22),计算单位用水量

$$W_0 = 104.97 + 0.309S_L + 11.27\frac{B}{W} + 0.61S_P = 143(\text{kg})$$

5)计算单位水泥用量

$$m_{c0} = 340\ \text{kg}$$

查表 1-25 知,计算结果符合耐久性要求,用水泥 340 kg。

6)计算粗、细集料用料(m_{g0}、m_{s0})

将上面的计算结果代入方程组

$$\left. \begin{array}{l} \dfrac{m_{s0}}{2\,630} + \dfrac{m_{g0}}{2\,700} = 1 - \dfrac{340}{3\,100} - \dfrac{143}{1\,000} - 0.01 \times 1 \\[3mm] \dfrac{m_{s0}}{m_{s0} + m_{g0}} = 34\% \end{array} \right\}$$

解得:砂用量 $m_{s0} = 671$ kg,碎石用量 $m_{g0} = 1\,302$ kg。

验算:碎石的填充体积 $= m_{g0}/\rho_{g0} \times 100\% = 1\,302/1\,701 \times 100\% = 76.5\%$,符合要求。

由此确定路面混凝土的"初步配合比"为 $m_{c0} : m_{w0} : m_{s0} : m_{g0} = 340 : 143 : 671 : 1\ 302$。

2. 配合比调整

路面混凝土的基准配合比、设计配合比与施工配合比的设计内容与普通混凝土相同。

(二)例题二

用修正平衡面积法求沥青混合料 AC－25F 型矿料的初步配合比。各集料经过筛分试验得到各粒径通过百分率如表 1-26 所示,试确定各种集料的用量比例。

表 1-26   组成集料通过百分率及混合料级配范围

材料名称	筛孔尺寸(mm)通过率(%)					
	25	10	2.5	0.6	0.3	0.074
碎石	100	45	20	0		
石屑	100	100	30	20	10	0
矿粉	100	100	100	100	100	84
级配范围	95～100	70～80	35～50	18～30	13～21	4～9

解:(1)计算级配范围中值如表 1-27 所示。

表 1-27   级配范围中值

筛孔尺寸(mm)	25	10	2.5	0.6	0.3	0.074
级配范围(%)	95～100	70～80	35～50	18～30	13～21	4～9
中值(%)	97.5	75	42.5	24	17	6.5

(2)确定筛孔尺寸的位置和矿料曲线的位置如图 1-10 所示。

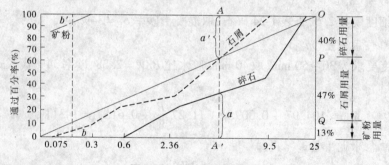

图 1-10   各矿料级配曲线

(3)确定各矿料的初步配合比:

碎石:石屑:矿粉 ＝40%:47%:13%

(4)校核三种集料是否符合级配范围要求(见表 1-28)。

根据校核结果,基本符合级配范围要求。

六、小练习

(1)简述路面用水泥混凝土配合比设计的方法。

(2)路面用水泥混凝土配合比设计应满足哪些要求?

(3)路面用水泥混凝土配合比设计用哪个强度指标为计算依据?

表 1-28 矿质混合料配合组成校核

原材料		筛孔尺寸(mm)					
		25	10	2.5	0.6	0.3	0.074
各矿质集料通过百分率(%)	碎石	100	45	20	0		
	石屑	100	100	30	20	10	0
	矿粉	100	100	100	100	100	84
各矿质集料在混合料中用量(%)	碎石	40	18	8	0		
	石屑	47	47	14.1	9.4	4.7	0
	矿粉	13	13	13	13	13	10.92
设计矿质混合料级配		100	78	35.1	22.4	17.7	10.92
标准级配范围		95~100	70~80	35~50	18~30	13~21	4~9
标准级配中值		97.5	75	42.5	24	17	6.5

第三节 水泥混凝土配合比设计专用设备与技术参数

坍落度筒

铁板制成的截头圆锥筒,厚度应不小于 1.5 mm,内侧平滑,在筒上方约 2/3 高度处安装 2 个把手,底面两侧焊 2 个脚踏板

抗压试模

①200 mm × 200 mm × 200 mm;
②150 mm × 150 mm × 150 mm;
③100 mm × 100 mm × 100 mm

抗折试模

①150 mm × 150 mm × 550 mm;
②100 mm × 100 mm × 400 mm;
③150 mm × 150 mm × 600 mm

捣棒

直径为 16 mm,长约 650 mm,半球形钢质端头

混凝土振动台

①台面尺寸:1 m², 0.8 m², 0.5 m²;
②振动台频率:2 860 次/min;
③振幅:(0.3~0.6)mm;
④电机功率:1.5 kW,380 V

混凝土搅拌机

进料容量:33 L、66 L,出料容量:30 L、60 L,搅拌均匀时间:≤45 s,搅拌机转速:48 r/min,电动机功率:2.2 kW,电源电压:380 V,产品净重:280 kg

TH – B 型混凝土碳化试验箱

①控制温度:(20±1)℃;②均匀性:1℃;③控制湿度:(70±5)%;④CO_2浓度:(0~20±3)%;⑤测试精度:±1%;⑥电压:(220±22)V、(50±1)Hz;⑦外形尺寸:1 240 mm×800 mm×1 750 mm;⑧内净尺寸:800 mm×600 mm×1 530 mm

胶砂试模

40 mm×40 mm×160 mm

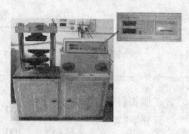

混凝土抗折试验机或万能试验机

最大试验压力 300 kN,示值精度±1%,测量范围:0~300 kN,压板尺寸:直径150 mm,电机总功率0.7 kW,活塞的最大行程80 mm

维勃稠度仪

①振动台空载振幅(含容器):0.5 mm;②振动频率:50 Hz;③压重:2 750 g;④坍落度筒尺寸(顶径×底径×高):100 mm×200 mm×300 mm

抗压夹具

上、下压板长度:40 mm,上、下压板宽度:>40 mm,上、下压板自由距离:>45 mm,外形尺寸:φ100 mm×165 mm

混凝土贯入阻力仪

①试料模:上口径:φ160 mm,下口径:φ150 mm;②深度:150 mm;③最大贯入力:1 000 N;④贯入深度:25 mm;⑤贯入速度:2.5 mm/s;⑥贯入针截面面积:100 mm²、50 mm²、20 mm²;⑦贯入位置:外圈9点,内圈4点;⑧测力方式:液压、压力表测力;⑨最小分度值:5 N;⑩示值误差:±10 N;⑪电源功率:220 V、100 W

混凝土抗渗仪

①允许最大工作压力:4 MPa/cm³;②工作方式:自动调压;③一次可做试件:6件;④试模几何尺寸:175 mm×185 mm×150 mm;⑤电动机功率:90 W;⑥转速:1 390 r/min

混凝土含气量试验仪

①量钵容积(内径与深度相等):7 L;②含气量量程:0~10%;③分度值:0.2 kN;④集料最大粒径:40 mm

HMP – 150 型混凝土磨芯机

①磨销混凝土芯样直径(mm):50、75、100、150;②磨销混凝土芯样高度(mm):47.5~215;③磨头转速:250 r/min,磨头直径:170 mm,磨头端面跳动量:0.10 mm;④额定功率:2 kW

混凝土压力泌水仪

①压力表最大行程:6 MPa;②缸体活塞直径:125 mm;③包装尺寸:52 cm×37 cm×78 cm;④毛重/净重:55/20 kg

第四节　普通砂浆混合料配合比设计

- **技术标准**:《砌筑砂浆配合比设计规程》(JGJ/T 98—2010)

  《通用硅酸盐水泥》(GB 175—2007)

  《建设用卵石、碎石》(GB/T 14685—2011)

  《建设用砂》(GB/T 14684—2011)

- **检测依据**:《建筑砂浆基本性能试验方法标准》(JGJ/T 70—2009)

一、砂浆配合比的基本要求

(1)砂浆拌和物的和易性应满足施工要求。

(2)砂浆的强度、耐久性应满足设计的要求。

(3)经济上应合理,水泥掺合料的用量应较少。

二、砂浆组成材料的要求

(一)水泥

常用的各品种水泥可作为砂浆的结合料,但由于砂浆的强度等级低,所以水泥的强度等级不宜过高,否则水泥的用量太低,会导致砂浆的保水性不良。通常,水泥的强度等级应为砂浆强度等级的 4~5 倍为宜。

(二)掺合料

为了提高砂浆的和易性,除水泥外,还掺加各种掺合料(如石灰、黏土和粉煤灰)作为结合料,配制成各种混合砂浆,以达到提高质量、降低成本的目的。

(三)细集料

细集料为砂浆的集料,其最大粒径不超过灰缝的 1/4~1/5。为了保证砂浆质量,砂中含泥量应予以限制。

(四)水

拌制砂浆用水与混凝土用水相同。

(五)外加剂

为了提高砂浆和易性,节约结合料的用量,必要时可掺加外加剂,最常用的有微沫剂。微沫剂是一种松香热聚物,其主要作用是改善砂浆的和易性和替代部分石灰,掺量为水泥量的 0.005%~0.01%,微沫剂用于水泥混合砂浆时,石灰膏的减少量不应超过 50%,水泥黏土砂浆中不宜掺入微沫剂。

三、建筑砂浆等级及基本性质

(一)强度等级

建筑砂浆在砌体中要经受周围环境介质的作用,因此砂浆应具有一定的黏结强度、抗压强度和耐久性。其中,抗压强度作为砂浆的主要技术指标。砂浆的强度等级,用标准试验方法测得的 28 d 龄期的抗压强度来确定。水泥砂浆及预拌砌筑砂浆的强度等级可分为 M5、M7.5、M10、M15、M20、M25、M30,水泥混合砂浆强度等级可分为 M5、M7.5、M10、M15,如

表1-29所示。桥涵工程中砂浆的强度根据结构物的类型和用途而决定。

表 1-29　桥涵圬工砌体用砂浆强度等级

结构物类型		砂浆强度等级	
		砌筑用	勾缝用
拱圈	大中跨径及轻台拱桥	M7.5	≥M7.5
	小跨径桥涵	M5.0	
大中跨径桥墩(台)及基础	圬工面层	M5.0	≥M7.5
	圬工里层	M2.5	
小桥墩(台)及基础挡土墙	轻型桥台及轻台拱桥	M5.0	≥M5.0
	其他	M2.5	

(二)表观密度

砌筑砂浆拌和物的表观密度符合表 1-30 的规定。

表 1-30　砂浆的表观密度规定

砂浆种类	表观密度(kg/m^3)
水泥砂浆	≥1 900
水泥混合砂浆	≥1 800
预拌砌筑砂浆	≥1 800

(三)稠度

砌筑砂浆施工时稠度宜符合表 1-31 的规定。

表 1-31　砂浆的稠度规定

砂浆种类	施工稠度(mm)
烧结普通砖砌体、粉煤灰砖砌体	70～90
混凝土砖砌体、普通混凝土小型空心砌块砌体、灰砂砖砌体	50～70
烧结多孔砖砌体、烧结空心砌体、轻集料混凝土小型空心砌块砌体、蒸压加气混凝土砌块砌体	60～80
石砌体	30～50

(四)保水率

砌筑砂浆保水率宜符合表 1-32 的规定。

表 1-32　砂浆的保水率规定

砂浆种类	保水率(%)
水泥砂浆	≥80
水泥混合砂浆	≥84
预拌砌筑砂浆	≥88

（五）抗冻性

有抗冻性要求的砌体工程,砌筑砂浆应进行冻融试验。其抗冻性应符合表 1-33 的规定,且当设计对抗冻性有明确要求时,尚应符合设计规定。

表 1-33　砂浆的抗冻性规定

使用条件	抗冻指标	质量损失率(%)	强度损失率(%)
夏热冬暖区	F15		
夏热冬冷区	F25	≤5	≤25
寒冷地区	F35		
严寒地区	F50		

（六）耐久性

圬工砂浆经常遭受环境水的作用,故除强度外,还应考虑抗渗性、抗冻性和抗蚀性等性能。提高砂浆耐久性的主要途径是提高其密实性。

四、试验前准备

(1)集料取样(同水泥混凝土配合比设计)。

(2)水样采取(同水泥混凝土配合比设计)。

(3)水泥取样(同水泥混凝土配合比设计)。

五、砂浆的试配强度

（一）配合比设计

1. 确定砂浆的试配强度

砂浆的试配强度按式(1-26)计算

$$f_{m,0} = Kf_2 \tag{1-26}$$

式中　$f_{m,0}$——砂浆的试配强度,MPa,应精确至 0.1 MPa;

f_2——砂浆强度等级值,MPa,应精确至 0.1 MPa;

K——系数,按表 1-34 取值。

表 1-34　砂浆强度标准差 σ 及 K 值　　　　　　（单位:MPa）

施工水平	不同强度等级的强度标准差 σ							K
	M5	M7.5	M10	M15	M20	M25	M30	
优良	1.00	1.50	2.00	3.00	4.00	5.00	6.00	1.15
一般	1.25	1.88	2.50	3.75	5.00	6.25	7.50	1.20
较差	1.50	2.25	3.00	4.50	6.00	7.50	9.00	1.25

当有统计资料时,标准差应按式(1-27)计算

$$\sigma = \sqrt{\dfrac{\sum\limits_{i=1}^{n} f_{m,i}^2 - n\mu_{f_m}^2}{n-1}} \qquad (1\text{-}27)$$

式中 $f_{m,i}$——统计周期内同品种砂浆第 i 组试件的强度,MPa;

μ_{f_m}——统计周期内同品种砂浆第 n 组试件的强度的平均值,MPa;

n——统计周期内同品种砂浆试件的总组数,$n \geqslant 25$。

当不具有近期统计资料时,砂浆现场强度标准差可按表 1-34 取用。

2. 计算水泥用量

每立方米砂浆中的水泥用量应按式(1-28)计算

$$Q_C = 1\,000 \times (f_{m,0} - \beta)/(\alpha \times f_{ce}) \qquad (1\text{-}28)$$

式中 Q_C——每立方米砂浆中的水泥用量,kg,精确至 1 kg;

$f_{m,0}$——砂浆的试配强度,精确至 0.1 MPa;

f_{ce}——水泥的实测强度,MPa,精确至 0.1 MPa;

α, β——砂浆的特征系数,见表 1-35。

表 1-35 砂浆的特征系数

系数	α	β
数值	3.03	-15.09

注:各地区也可用本地区试验资料确定 α、β 值,统计用的试验组数不得少于 30 组。

在无法取得水泥的实测强度值时,可按式(1-29)计算

$$f_{ce} = \gamma_c f_{ce,k} \qquad (1\text{-}29)$$

式中 $f_{ce,k}$——水泥强度等级对应的强度值,MPa;

γ_c——水泥强度等级值富余系数,宜按实际统计资料确定,无统计资料时取 1.0。

每立方米砂浆的水泥用量 Q_C 也可根据已知水泥强度 f_{ce} 和所需配制的砂浆强度 $f_{m,0}$ 由表 1-36 查得。

表 1-36 现场配制每立方米水泥砂浆材料用量 （单位:kg/m³）

砂浆强度等级	每立方米砂浆水泥用量	每立方米砂子用量	每立方米砂浆用水量
M5.0	200 ~ 230	砂的堆积密度值	270 ~ 330
M7.5	230 ~ 260		
M10	260 ~ 290		
M15	290 ~ 330		
M20	340 ~ 400		
M25	360 ~ 410		
M30	430 ~ 480		

注:1. M15 及 M15 以下强度等级的水泥砂浆,水泥强度等级为 32.5 级;M15 以上强度等级的水泥砂浆,水泥强度等级为 42.5 级。

2. 当采用细砂或粗砂时,用水量分别取上限或下限。

3. 稠度小于 70 mm 时,用水量可小于下限。

4. 施工现场气候炎热或处于干燥季节,可酌情增加用水量。

5. 试配强度应按规程式(1-26)计算。

水泥粉煤灰砂浆材料用量可按表1-37选用。

表1-37　现场配制每立方米水泥粉煤灰砂浆材料用量　　　（单位:kg/m³）

砂浆强度等级	水泥和粉煤灰总量	粉煤灰	砂	用水量
M5	210~240			
M7.5	240~270	粉煤灰掺量可占胶凝材料总量的15%~25%	砂的堆积密度值	270~330
M10	270~300			
M15	300~330			

注:1.表中水泥强度等级为32.5级。

2.当采用细砂或粗砂时,用水量分别取上限及下限。

3.稠度小于70 mm,用水量可小于下限。

4.施工现场气候炎热或处于干燥季节,可酌情增加用水量。

5.试配强度应按规程式(1-26)计算。

3.计算掺合料用量 Q_D

为了改善砂浆的稠度,提高保水性,可掺入石灰膏或黏土膏。每立方米砂浆中掺合料(石灰膏或黏土膏)用量按式(1-30)计算

$$Q_D = Q_A - Q_C \tag{1-30}$$

式中　Q_D——每立方米砂浆的石灰膏用量,kg,应精确至1 kg,黏土膏使用时的稠度为
　　　　　(120±5)mm;

　　　Q_C——每立方米砂浆的水泥用量,精确至1 kg;

　　　Q_A——每立方米砂浆中水泥和石灰膏的总量,kg,应精确至1 kg,一般应取350 kg。

4.计算用水量

每立方米砂浆中的用水量,可根据砂浆稠度等要求选用210~310 kg。

(1)混合砂浆中的用水量,不包括石灰膏中的水;

(2)当采用细砂或粗砂时,用水量分别取上限或下限;

(3)稠度小于70 mm,用水量可小于下限;

(4)施工现场气候炎热或干燥季节,可酌情增加用水量(210~310 kg用水量是砂浆稠度为70~90 mm、中砂时的用水量参考范围)。

(二)配合比的试配、调整与确定

1.试配检验、调整和易性,确定基准配合比

按计算配合比进行试拌,测定拌和物的稠度和保水率。若不满足要求,则调整用水量或掺合料,直到符合要求,由此得到基准配合比。

2.砂浆强度调整与确定

检验强度(砂浆的抗压强度试验)时至少应采用三个不同的配合比,其中一个为基准配合比,另外两个配合比的水泥用量按基准配合比分别增加或减少10%。在保证稠度、保水

率合格的条件下,可将用水量或石灰膏用量作相应的调整。三组配合比分别成型、养护、测定 28 d 强度,选定符合试配强度及和易性要求的且水泥用量最低的配合比作为砂浆配合比。

六、例题

试设计某砌筑工程用水泥石灰混合砂浆的配合比。

【原始资料】

(1)已知砂浆强度等级为 M5.0,稠度要求为 7 ~ 10 cm,施工水平优良。

(2)原材料:强度等级 32.5 的矿渣硅酸盐水泥,强度等级富余系数为 1.03;石灰膏:稠度 10 cm;中砂:堆积密度 1 450 kg/m³,含水率 2%。

【设计步骤】

(一)确定试配强度

按式(1-26)确定砂浆的试配强度

$$f_{m,0} = 5 \times 1.15 = 5.8(MPa)$$

(二)计算水泥用量 Q_C

水泥实测强度

$$f_{ce} = 1.03 \times 32.5 = 33.5(MPa)$$

按式(1-28)计算水泥用量

$$Q_C = \frac{1\ 000(f_{m,0} - \beta)}{\alpha \times f_{ce}} = \frac{1\ 000 \times (5.8 + 15.09)}{3.03 \times 33.5} = 206(kg)$$

(三)计算石灰膏用量 Q_D

取每立方米砂浆中水泥和石膏总量为 350 kg,则

$$Q_D = Q_A - Q_C = 350 - 206 = 144(kg)$$

(四)确定砂用量

$$Q_s = 1\ 450 + 1\ 450 \times 2\% = 1\ 479(kg)$$

(五)确定用水量 Q_W

取用水量 300 kg,扣除砂中所含的水,则

$$Q_W = 300 - 1\ 450 \times 2\% = 271(kg)$$

砂浆的配合比为:$Q_C : Q_D : Q_s : Q_W = 206 : 144 : 1\ 479 : 271 = 1 : 0.7 : 7.18 : 1.32$。

七、小练习

(1)简述砂浆配合比的计算方法的步骤。

(2)在公路工程中,对砂浆的技术要求主要有哪些?

(3)在砂浆配合比设计中,需要检测砂浆的和易性,其和易性常用哪些指标表示? 各用什么方法来测定?

(4)配制砂浆时,除需加水泥外,常还需加入哪些胶结材料? 加入这些材料有何目的?

(5)砂浆的保水性不良对工程质量有何影响?

第五节　砂浆的配合比设计专用设备与技术参数

砂浆搅拌机

搅拌叶转速:(顺时)(80±4)r/min;搅拌筒转速:(逆时)(60±2)r/min;搅拌筒容量:15 L;搅拌筒内径:ϕ380 mm×250 mm

砂浆稠度

试锥由钢材制成,试锥高度为145 mm,锥底直径为75 mm,试锥连同滑杆的质量应为300 g;盛砂浆的锥形容器由钢板制成,筒高180 mm,锥底内径150 mm

工程塑料试模

70.7 mm×70.7 mm×70.7 mm 三联有底(无底)

压力机

最大试验力:30 kN,示值精度:±1%,测量范围:0~30 kN,压板间距离:320 mm,压板尺寸:250 mm×250 mm,活塞最大行程:50 mm,电机总功率:0.75 kW

砂浆收缩膨胀仪

标准棒长度175 mm,标准棒膨胀系数1.5×10⁻⁶/℃,位移计精度0.01 mm,位移计量程±5 mm,适用范围:适用于水泥砂浆,外形尺寸220 mm×220 mm×510 mm,质量≈7 kg

砂浆凝结时间测定仪

①检测范围:0~100 N;②示值精度:±1%;③示值分辨率:0.5H;④最大行程:50 mm;⑤试针截面面积:30 mm²;⑥试模内径及深度:140 mm×75 mm

砂浆抗渗仪

①最大允许压力1.47×10⁴ Pa;②水泵参数:柱塞直径10 mm,柱塞往复频率54 次/min,流量0.1 L/min;③试模几何尺寸:ϕ70 mm×80 mm×30 mm;④一次试验件数6个;⑤自动恒压和手动恒压

砂浆回弹仪

标称动能:0.196 J;弹击锤冲击长度:(75±0.3)mm;指针滑块的摩擦力:(0.5±0.1)N;弹击拉簧工作长度:(61.5±0.3)mm;弹击锤脱钩位置刻度尺"100"刻线;弹击杆端部球面半径:(25±1)mm;钢砧率定值74±2。

第六节 水泥混凝土生产配合比应用

一、水泥混凝土搅拌生产设备实景图

水泥混凝土搅拌站正面实景图

控制室局部实景图

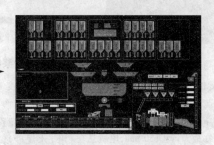

水泥混凝土自动化生产控制屏显实景图

水泥混凝土搅拌站背面实景图

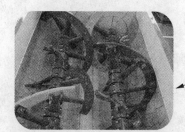

双卧轴复合螺旋叶片局部实景图

3搅拌主机局部实景图

1螺旋机局部实景图

搅拌主机内搅拌叶局部实景图

2封闭式输送系统局部实景图

4

水泥混凝土搅拌站侧面实景图

集料配料机局部实景图

外加剂称量局部实景图

秤计量局部实景图

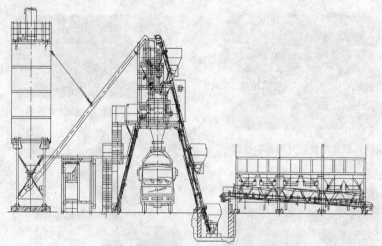

斗式上料水泥混凝土搅拌站示意图

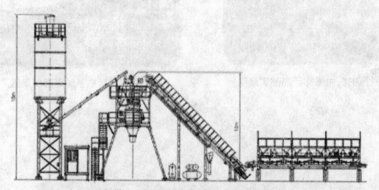

皮带上料水泥混凝土搅拌站示意图

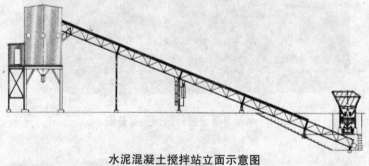

水泥混凝土搅拌站立面示意图

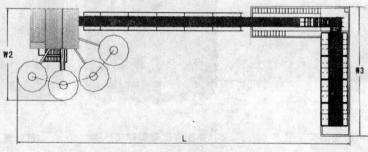

水泥混凝土搅拌站俯视示意图

二、水泥混凝土搅拌设备

水泥混凝土搅拌机是将水泥、砂粒、碎石等原材料按一定的配合比例,进行均匀拌和的机械。有关其常见分类及各自特点见表1-38、表1-39。

表1-38　水泥混凝土搅拌机的分类

自落式				强制式		
倾翻出料		非倾翻出料		竖轴式		卧轴式
单口	双口	斜槽出料	反转出料	涡浆式	行星式	双槽式
单口						

表1-39　各类水泥混凝土搅拌机的特点及适用范围

类型	特点及适用范围
周期性	周期性进行装料、搅拌、出料,结构简单可靠,容易控制配合比及拌和质量,使用广泛
连续性	连续进行装料、搅拌、出料,生产率高,主要用于混凝土用量很大的工程
自落式	由搅拌筒内壁固定的叶片将物料带到一定高度,然后自由落下,周而复始,使其能够均匀拌和。最适宜拌制塑性和半塑性混凝土
强制式	筒内物料由旋转轴上的叶片或刮板的强制作用而获得充分的拌和。拌和时间短,生产率高。适宜于拌制干硬性混凝土
固定式	通过机架地脚螺栓与基础固定。多装在搅拌楼或搅拌站上使用
移动式	装有行走机构,可随时拖运转移。应用于中小型临时工程
倾翻式	靠搅拌筒倾倒出料
非倾翻式	靠搅拌筒反转出料
犁式	拌筒可绕纵轴旋转搅拌,又可绕横轴回转装料、卸料。一般用于实验室小型搅拌机
锥式	多用于大中型搅拌机
鼓筒式	多用于中小型搅拌机
槽式	多为强制式。有单槽单搅拌轴和双搅拌轴等,国内较少使用
盘式	是一种周期性的垂直强制搅拌机,国内较少采用

混凝土搅拌站(也称搅拌楼或混凝土工厂)是用来集中搅拌混凝土的联合装置,其应用主要集中在大中型水利工程,公路路面、桥梁、隧道工程,建筑施工及混凝土制品工厂。按搅拌站工艺布置不同,混凝土搅拌站可分为单阶式和双阶式。

将砂粒、碎石、水泥等用机械一次就提升到搅拌站最高处的储料斗,然后从配料、称量直到搅拌成混凝土出料,均借物料自重下落而完成,由此形成垂直生产工艺体系称为单阶式(见图1-11),多适用于大型永久性搅拌站。而将混凝土材料分两次提升,第一次将材料提升至储料斗,经配料称量后,第二次再将材料提升卸入搅拌机,按此生产工艺体系称为双阶式(见图1-12),适用于中小型搅拌站。

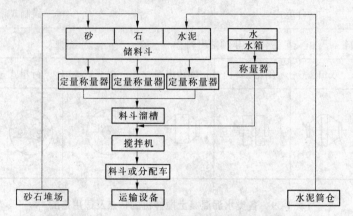

图 1-11　单阶式水泥混凝土搅拌站工艺图

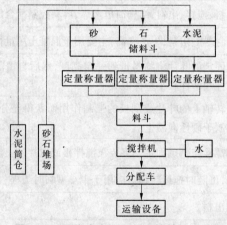

图 1-12　双阶式水泥混凝土搅拌站工艺图

大型混凝土搅拌站按平面布置不同,分为巢式和直线式两种。巢式是数台搅拌机环绕着一个共同的装料和出料中心布置,其特点是数台搅拌机共用一套称量装置,但一次只能搅拌一个品种混凝土。直线式是指数台搅拌机排成一列或两列,此种布置的每台搅拌机均需配备一套称量装置,但同时可搅拌出几个品种的混凝土。

双阶移动式混凝土搅拌站主要由搅拌机、集料与水泥称量设备、供水及称量设备、集料堆场、水泥筒仓、运输机械、控制系统等组成。

三、各类搅拌设备使用前标定

对于有称量设备的搅拌站,在保证电力,各部件总体正常,所用各材料齐全且技术指标合格,设备安装调试运行后,正式搅拌混凝土前,无论用哪种生产方式生产水泥混凝土,严格控制生产配合比应用是关键。无论是普通水泥混凝土搅拌机,还是移动式水泥混凝土拌和站或全自动预拌水泥混凝土生产厂,首先必须对拌和设备中计量部分进行计量标定。任何计量设备一经标定,在正常使用中,任何人不得随意更改,并经常复核搅拌机计量部分,发现问题及时报检,始终保持计量系统的可靠性。在日常使用中,要注意校核称量装置的可靠性,发现问题及时调整或重新标定。

四、根据材料实况,正确选用生产配合比

就水泥混凝土配制搅拌机生产过程而言,由于砂粒、碎石等材料大多露天存放,含水率的变化应引起高度重视,及时检测含水率,调整搅拌用水量,同时,考虑到砂粒、碎石、外加剂、掺合料等材料的生产过程及源料的多变性,除目测观察各材料外观和质量外,还必须坚持各种材料检测频率并及时反馈,实行原材料性能质量不合格、不上料、不生产的有效质量控制工作机制,以确保新拌水泥混凝土质量的稳定性。

五、从原材料源头抓起,奠定水泥混凝土品质基石

各种原材料本身技术性能的优劣是水泥混凝土产品质量保障的源头,则原材料应选好料源、硬化场地、分类存放、科学标识。在生产水泥混凝土的过程中,基于各种材料具有供货商生产许可,产品质量合格证的前提下,落实原材料入场、现场严格批次检验合格一票否决制,这是一项可靠的科学工作措施。力求现场使用原材料与标准配合比材料送样接近,避免原材料变化、技术性质起伏较大而致标准配合比因失去针对性而形同虚有,毫无生产指导意义。

六、良好的水泥混凝土生产条件是保证水泥混凝土产品质量稳定的必要条件

保障连续供给拌和厂场地的水电等工作条件,是工作的基本保证。对于自动化程度较高的搅拌厂,每一工作数据电子记录要清晰、准确储存,各环节授理权限各异,对不符合配合比规定的,系统中应有违规预警,自动禁止错误配合比进入下一生产系统,以减少控制水泥混凝土质量波动,达到稳定水泥混凝土产品质量。

新拌成品混凝土进行相关技术指标测定时,取样是否规范直接影响混合料性能的准确测定,通常情况下不可取第一盘料,因为多数情况下第一盘料质量不稳定。

七、原材料按类型品种分别堆放

实际施工现场用料量较大,为保证原材料配合比正确应用,砂、碎石原材料堆场务必按类型、规格分别堆放隔开,有条件的单位集料堆场最好采用封闭、分仓储料库,材料入库后,从库房下部出料口通过传送带分别输出各种原材料。这样可保证材料免受粉尘、雨雪天气影响,集料的含水率相对稳定。减少配合比应用中各种原材料用量及进行含水率的调整。

如遇料堆内外或不同料堆之间的干湿程度有差异,集料上料装载机手要实现对料堆进行翻拌,保证料斗内的集料的干湿度是均匀的。

第七节 混凝土配合比报告案例

样品名称:混凝土配合比设计　　委托单位:　　　检测类别:　　　报告日期:

混凝土配合比设计检测报告

报告编号:×××—×××—×××

设计条件							
设计强度（MPa）	配制强度（MPa）	拌制方法	成型方法	养护方法	试件尺寸（mm×mm×mm）	设计坍落度（mm）	外加剂类别及掺量(%)
C50	59.9	机器拌制	标准振动台成型	标准养护	150×150×150	130~150	减水剂,1.3

检测结果

水灰比	重量配合比			每立方米混凝土材料用量（kg）				堆积密度（kg/m³）			实测坍落度	实测强度（MPa）	
	水泥	砂	碎石	水	水泥	砂	碎石	水泥	砂	碎石		7 d	28 d
0.32	1.0	1.26	2.35	154	488	617	1 145	1 300	1 518	1 470	140	53.2	60.6

备注	1. 钢纤维掺量每立方米为 25 kg。 2. 本报告为 28 d 强度结果。施工时应严格控制砂石材料的含泥量

试验:　　　　　复核:　　　　　审核:　　　　　日期:

混凝土配合比设计检测报告

委托单位			
工程名称			
样品名称	样品编号	规格等级	样品描述
水泥	SN30	P·O 52.5	粉状、干燥、无结块
砂	SH22		均匀、干净
碎石	SS52	5~10 mm	均匀、干净
碎石	SS53	10~20 mm	均匀、干净
减水剂	WJJ27	××× AE－a	液体，无杂质
钢纤维	GXW05	上海×××× RC80/50BN	无锈蚀，无抱团
检测类别	委托检测	检测项目	C50 钢纤维混凝土配合比设计
检测依据	《公路桥涵施工技术规范》(JTG/T F50—2011)	委托日期	
主要仪器设备	混凝土搅拌机、YE－2000 液压式压力试验机(编号：××××)等		
检测结论	1. 粗、细集料检测结果见后。 2. 该 C50 钢纤维混凝土水胶比建议采用 0.32，每立方米材料用量为：水泥 488 kg，水 154 kg、砂 617 kg、碎石 1 145 kg、外加剂 6.34 kg、钢纤维 25 kg，28 d 抗压强度为 60.6 MPa		
试验环境	温度：　／　　湿度：　／　　大气压：　／		
批准人			
主检人			
备注			
录入		校对	打印日期

试验：　　　　　复核：　　　　　审核：　　　　　日期：

混凝土配合比设计检测报告

一、设计原则

根据工程要求,以强度要求、经济合理、易于施工为原则进行设计。

二、设计依据

(1)JTJ 55—2011《普通混凝土配合比设计》。

(2)JTG/T F50—2011《公路桥涵施工技术规范》。

(3)GB 175—2007《通用硅酸盐水泥》。

三、设计要求

(1)C50 钢纤维混凝土。

(2)混凝土强度保证率为95%,标准差为 $\sigma = 6.0$ MPa。

(3)使用部位:桥面铺装。

四、混凝土抗压强度

水胶比	7 d 抗压强度(MPa)	28 d 抗压强度(MPa)
0.32	53.2	60.6
0.34	51.6	58.3
0.36	19.7	54.8

根据以上信息,C50 配合比建议采用水胶比为 0.32。

混凝土配合比设计检测报告

委托单位					工程名称			
样品名称		细集料			样品产地			
试验依据		JTG/T F50—2011			主要仪器设备		标准筛、电子秤、烘箱	

颗粒级配	累计筛余百分率(%)							
	筛孔尺寸(mm)	9.5	4.75	2.36	1.18	0.6	0.3	0.15	底
	实测值	0.0	2.1	5.6	18.4	30.1	99.0	99.6	
	规范值	0～0	0～10	0～25	10～50	41～70	70～92	90～100	

序号	试验项目	规范值	试验结果
1	细度模数	—	2.48
2	表观密度(g/cm^3)	—	2.660
3	堆积密度(g/cm^3)	—	1.518
4	空隙率(%)	—	42.9
5	含泥量(%)	—	0.4
6	泥块含量(%)	—	

结论	该数据为试验实测值
备注	

试验:　　　　　　复核:　　　　　　审核:　　　　　　日期:

混凝土配合比设计检测报告

委托单位			工程名称	
样品名称	粗集料(5~10 mm)		样品产地	
试验依据	JTG E42—2005（T0313—1994，T0314，0320—2000，T0302、0304、0309、0310、0311、0316—2005）		主要仪器设备	电子天平、标准筛，电子秤、烘箱、容量瓶、容积升等

颗粒级配	累计筛余百分率(%)							
	筛孔尺寸（mm）	16	13.2	9.50	4.75	2.36	底	
	实测值	0.0	0.0	2.2	98.4	100.0		
	规范值	0		0~15	80~100	41~70	95~100	

序号	试验项目	规范值	试验结果	
1	最大粒径	—		
2	表观密度(g/cm^3)	—	2.698	
3	堆积密度(g/cm^3)	—	1.64	
4	空隙率（%）	—	39.2	
5	含泥量(%)	—	1.0	
6	泥块含量(%)	—	0.4	
7	<2.36 mm 颗粒含量(%)			
8	压碎值指标			
9	针、片状颗粒含量			

结论：

备注：

试验：　　　　　复核：　　　　　审核：　　　　　日期：

混凝土配合比设计检测报告

委托单位		工程名称	
样品名称	粗集料(10~20 mm)	样品产地	
试验依据	JTG E42—2005(T0313—1994,T0314,0320—2000,T0302、0304、0309、0310、0311、0316—2005)	主要仪器设备	电子天平、标准筛,WE-60万能试验机,电子天平、烘箱、压碎值仪

颗粒级配	累计筛余百分率(%)						
	筛孔尺寸（mm）	26.5	19	16	13.2	9.5	4.75	D底
	实测值	0.0	10.5	33.4	67.0	97.6	100.0	100.0
	规范值	0	0~15	85~100	95~100			

序号	试验项目	规范值	试验结果
1	最大粒径	—	
2	表观密度(g/cm^3)		2.702
3	堆积密度(g/cm^3)	—	1.67
4	空隙率(%)	—	38.2
5	含泥量(%)	—	0.7
6	泥块含量(%)	—	0.4
7	<2.36 mm 颗粒含量(%)		
8	压碎值指标		10.7
9	针、片状颗粒含量		1.4

结论：

备注：

试验：　　　　　　复核：　　　　　　审核：　　　　　　日期：

混凝土配合比设计检测报告

样品名称		粗集料		样品编号					
样品规格		5~10 mm		试验规程		JTG E42—2005			
试验环境		室温		主要仪器		标准筛、电子天平、烘箱			
适用范围				级配范围					
干燥试样总质量(g)		第一组				第二组			
筛孔尺寸（mm）	筛上质量（g）	分计筛余百分率（%）	累计筛余百分率（%）	通过百分率（%）	筛上质量（g）	分计筛余百分率（%）	累计筛余百分率（%）	通过百分率（%）	平均通过百分率（%）
13.2	0	0	0	100	0	0	0	100	
9.5	21	2.1	2.1	97.9	24	2.4	2.4	97.6	
4.75	958	95.8	97.9	2.1	96.4	96.4	98.8	1.2	
2.36	21	2.1	100	0.0	12	1.2	100	0	
底	0				0	0			
筛分后总质量(g)	1 000				1 000				
损耗(g)	0				0				
损耗率(%)	0				0				

含泥量	试验前烘干质量(g)		试验后烘干质量(g)		含泥量(%)		平均值(%)	
	2 000		1 980		1.0		1.0	
	2 000		1 979		1.0			

泥块含量	试验前烘干试样质量(g)	>5 mm 筛余量（g）	试验后烘干试样质量(g)	泥块含量（%）	平均值（%）
	2 000	1 995	1 987	0.4	0.4
	2 000	1 995	1 987	0.4	

结论：
备注：

试验： 复核： 审核： 日期：

混凝土配合比设计检测报告

样品名称		粗集料			样品产地		
主要仪器		规准仪、压碎值仪、电子天平等			样品规格		5 ~ 10 mm
试验规程		JTG E42—2005（T0313—1994,T0314、0320—2000,T0302、0304、0309、0310、0311、0316—2005）			试验环境		室温
压碎值指标	试样质量（g）	>2.36 mm 筛余试样质量(g)		压碎指标值（%）		平均值（%）	换算值（%）
	粒级(mm)						
	针状质量(g)						
	片状质量(g)						
针、片状颗粒含量	试样总质量(g)	1 000					
	粒级(mm)	4.75 ~ 9.5	9.5 ~ 16	16 ~ 19	19 ~ 26.5	26.5 ~ 31.5	31.5 ~ 37.5
	针状质量(g)	3	0	0	0	0	0
	片状质量(g)	6	0	0	0	0	0
堆积密度	容量筒容积（mL）	容量筒质量（mg）	试样和容量筒质量(g)		堆积密度（g/cm³）		平均值（g/cm³）
	10 000	1 870	18 270		1.64		1.64
	10 000	1 870	18 270		1.64		
表观密度	烘干试样质量(g)	瓶、水总质量(g)	瓶、水、试样总质量(g)	水温 t（℃）	水温修正系数	表观密度（g/cm³）	平均值（g/cm³）
	990	1 743	2 367	24	0.007	2.698	2.698
	990	1 743	2 367	24	0.007	2.698	
空隙率（%）	39.2						
最大粒径（mm）							
<2.36 mm 颗粒含量（mm）							
结论:该碎石松散密度:1.44 g/cm³							
备注:							

试验:　　　　　复核:　　　　　审核:　　　　　日期:

混凝土配合比设计检测报告

样品名称	粗集料	样品编号	9953
样品规格	10～20 mm	试验规程	JTG E42—2005
试验环境	室温	主要仪器	标准筛、电子天平4019、烘箱4095
适用范围		级配范围	

干燥试样总质量(g)	第一组								第二组
	2 000								2 000

筛孔尺寸(mm)	筛上质量(g)	分计筛余百分率(%)	累计筛余百分率(%)	通过百分率(%)	筛上质量(g)	分计筛余百分率(%)	累计筛余百分率(%)	通过百分率(%)	平均通过百分率(%)
26.5	0	0	0	100	0	0	0	100	
19	206	10.3	10.3	89.7	213	10.7	10.7	89.3	
16	468	23.4	33.7	66.3	450	22.5	33.2	66.8	
13.2	667	33.4	67.1	32.9	672	33.6	66.8	33.2	
9.5	613	30.7	97.7	2.3	612	30.6	97.4	2.6	
4.75	45	2.3	100.0	0	52	2.6	100	0	
	0	0	100.0	0	0	0	100	0	
筛分后总质量(g)	1 999				1 999				
损耗(g)	1.0				1.0				
损耗率(%)	0.05				0.05				

含泥量	试验前烘干质量(g)	试验后烘干质量(g)	含泥量(%)	平均值(%)
	2 000	1 988	0.8	0.7
	2 000	1 983	0.6	

泥块含量(g)	试验前烘干试样质量(g)	>5 mm 筛余量	试验后烘干试验质量(g)	泥块含量(g)	平均值(%)

结论：

备注：

试验：　　　　　复核：　　　　　审核：　　　　　日期：

混凝土配合比设计检测报告

样品名称		粗集料		样品产地		
主要仪器		规准仪、标准筛、电子秤		样品规格		10～20 mm
试验规程				试验环境		室温

压碎值指标	试样质量（g）	＞2.36 mm 筛余试样质量（g）		压碎指标值（%）		平均值（%）	换算值（%）
	2 790	2 260		19.0			
	2 793	2 253		19.3		19.2	
	2 793	2 253		19.3			

针、片状颗粒含量	试样总质量（g）	2 000	针、片状总质量（g）		27	针、片状含量（%）		1.4
	粒级（mm）	4.75～9.5	9.5～16	16～19	19～26.5	26.5～31.5		31.5～37.5
	针状质量（g）	0	12	8	0	0		0
	片状质量（g）	0	7	0	0	0		0

堆积密度	容量筒容积（mL）	容量筒质量（g）		试样和容量筒质量（g）		堆积密度（g/cm³）	平均值（g/cm³）
	10 000	1 870		18 570		1.67	
	10 000	1 870		18 570		1.67	1.67

表观密度	烘干试样质量（g）	瓶、水总质量（g）	瓶、水、试样总质量（g）	水温 t（℃）	水温修正系数	表观密度（g/cm³）	平均值（g/cm³）
	997	1 658	2 287	24	0.007	2.702	
	997	1 658	2 287	24	0.007	2.702	2.702

空隙率（%）	
最大粒径（mm）	
＜2.36 mm 颗粒含量（%）	

结论：

备注：

试验：　　　　　复核：　　　　　审核：　　　　　日期：

混凝土配合比设计检测报告

样品名称	细集料			样品编号					
样品规格	砂			试验规程			JTG E42—2005		
试验环境	室温			主要仪器			标准筛、电子秤、烘箱		
试验用途	水泥混凝土			级配范围			Ⅱ区		
>9.5 mm 颗粒含量计算	试验质量	1 000 g		>9.5 mm 颗粒质量		28 g	>9.5 mm 颗粒含量(%)		2.8
干燥试样总质量(g)	第一组			第二组			平均累计筛余百分率(%)	通过百分率(%)	规范值(%)
	500			500					
筛孔尺寸(mm)	分计质量(g)	分计筛余百分率(%)	累计筛余百分率(%)	分计质量(g)	分计筛余百分率(%)	累计筛余百分率(%)			
9.5	0	0	0	0	0	0	0	100	0
4.75	9	1.8	1.8	12	2.4	2.4	2.1	97.9	10～0
2.36	17	3.4	5.2	18	3.6	6.0	5.6	94.4	25～0
1.18	60	12.0	17.2	68	13.6	19.6	18.4	81.6	50～10
0.6	59	11.8	29.0	58	11.6	31.2	30.1	69.9	70～41
0.3	351	70.2	99.2	338	67.6	98.8	99.0	1.0	92～70
0.15	3	0.6	99.8	3	0.6	99.4	99.6	0.4	100～90
底	—			—					
—									
合计质量	合计 1 ＝500 g			合计 2 ＝498 g					
细度模数	M_{x1} ＝2.46			M_{x2} ＝2.49			细度模数平均值 ＝2.48		

结论：$M_x = \dfrac{(A_{0.15}+A_{0.3}+A_{1.6}+A_{1.18}+A_{2.36})-5A_{4.75}}{100-A_{4.75}}$

备注：

试验：　　　　　　复核：　　　　　　审核：　　　　　　日期：

混凝土配合比设计检测报告

样品名称	细集料	样品编号	
样品规格	砂	试验规程	JTG E42—2005
试验环境	室温	主要仪器	标准筛、电子秤、烘箱

含泥量	试验前烘干质量 m_0（g）	试验后烘干质量 m_1（g）	含泥量（%）	平均值
	400	398.1	0.5	0.4
	400	398.3	0.4	

堆积密度	容量筒容积（mL）	容量筒质量 m_0（g）	容量筒和堆砂的总质量 m_1（g）	堆积密度（g/cm³）	平均堆积密度（g/cm³）
	2 000	2 527	5 549	1.511	1.518
	2 000	2 527	5 577	1.525	

表观密度	试样烘干质量 m_0（g）	瓶水总质量 m_1（g）	试样、部分水、瓶总质量 m_2（g）	试验水温度（℃）	水温修正系数	表观密度（g/cm³）	表观密度平均值（g/cm³）
	300	862.79	1 051.21	24	0.007	2.682	2.660
	300	875.01	1 061.64	24	0.007	2.639	

含泥量 $= \dfrac{m_0 - m_1}{m_0} \times 100\%$　　　　表观密度 $\rho = \dfrac{m_0}{m_0 + m_1 - m_2}$

堆积密度 $\rho = \dfrac{m_1 - m_0}{v}$　　　　$\rho_a = (\gamma_a - d_i)\rho_w$

空隙率 $\mu = \left(1 - \dfrac{\rho}{\rho v}\right) \times 100\%$

备注：

试验：　　　　　复核：　　　　　审核：　　　　　日期：

混凝土配合比设计检测报告

混凝土类别及强度等级		C50		试验环境		温度 22 ℃ ,湿度 55%	
试验规程				成型日期			
主要仪器		混凝土搅拌机、2 000 kN 压力试验机		设计坍落度		130 ~ 150 mm	
样品名称及编号							
水泥	SH30	智海		砂	SH22	$P_s = 2.66$	
碎石	SS52	5 ~ 10 mm,30%		外加剂	WJJ2T		
	SS53	10 ~ 20 mm,70%		粉煤灰			
				钢纤维	GXW05		
水胶比(W/B)		0.32		0.34		0.36	
砂率(%)		35					

配比计算		每立方米用量	拌制用量	每立方米用量	拌制用量	每立方米用量	拌制用量
用水量(kg)		200/154	4 000	200/154	4 000	200/154	4 000
水泥用量(kg)		488	12.69	453	11.78	423	11.0
砂用量(kg)		617	16.04	629	16.35	639	16.61
碎石(kg)	SS5D	1 145	8.93	1 168	9.11	1 188	9.27
	SS5D		20.84		21.26		21.62
钢纤维(kg)		25	0.65	25	0.65	25	0.65
粉煤灰(kg)		—	—	—	—	—	—
外加剂(kg)		6.344	165	5.889	153	5.499	143
实测坍落度(mm)		140		150		150	
试件尺寸(mm × mm × mm)		150 × 150 × 150					

	日期	试件编号	1—1	1—2	1—3	2—1	2—2	2—3	3—1	3—2	3—3
7 d 龄期		最大荷载(kN)	1 204.8	1 196.4	1 188.4	1 124.8	1 164.8	1 190.4	1 198.7	1 065.1	1 088.6
		抗压强度(MPa)	53.5	53.2	52.8	50.0	51.8	52.9	53.3	47.3	48.4
		平均值(MPa)	53.2			51.6			49.7		
	日期	试件编号	1—4	1—5	1—6	2—4	2—5	2—6	3—4	3—5	3—6
28 d 龄期		最大荷载(kN)	1 377.8	1 348.1	1 368.1	1 301.8	1 316.3	1 314.2	1 266.7	1 194.7	1 237.8
		抗压强度(MPa)	61.2	59.9	60.8	57.9	58.5	58.4	56.3	53.1	55.0
		平均值(MPa)	60.6			58.3			54.8		

试验:　　　　复核:　　　　审核:　　　　日期:

混凝土配合比设计检测报告

样品名称	水泥混凝土	样品产地		主要仪器	混凝土搅拌机、坍落度仪
样品规格	C50 混凝土　$W/B = 0.32$	试验规程	JTG F30—2005	试验环境	温度 22 ℃，湿度 53%
混凝土配合比	水泥：砂：碎石：钢纤维：水 = 488：617：1 145：25：6. 34：154	拌和方式	机械拌制	强度等级	C50

水泥混凝土拌和物稠度试验

试验次数	坍落度（mm）	扩展后最大粒径（mm）	扩展后最小粒径（mm）	扩展度（mm）	棍度	含砂情况	黏聚性	保水性
1	135	—	—	—	Ⅲ	Ⅲ	良好	无
2	140	—	—	—	Ⅲ	Ⅲ	良好	无
3	140	—	—	—	Ⅲ	Ⅲ	良好	无
坍落度平均值（mm）	140							

备注：设计坍落度 130 ~ 150 mm

结论：坍落度满足设计要求；
混凝土实测表观密度 2 440 kg/m³

复核：　　　　　　　　　　　　审核：

试验：　　　　　　　　　　　　日期：

混凝土配合比设计检测报告

水泥混凝土拌和物物稠度试验

样品名称	水泥混凝土	样品产地		主要仪器	混凝土搅拌机、坍落度仪
样品规格	C50 混凝土，$W/B=0.34$	试验规程	JTG F30—2005	试验环境	温度 22 ℃，湿度 53%
混凝土配合比	水泥:砂:碎石:钢纤维:外加剂:水＝453:629:1 168:25:5.89:154	拌和方式	机械拌制	强度等级	C50

试验次数	坍落度(mm)	扩展后最大粒径(mm)	扩展后最小粒径(mm)	扩展度(mm)	棍度	含砂情况	黏聚性	保水性
1	145	—	—	—	Ⅱ	Ⅲ	良好	无
2	150	—	—	—	Ⅱ	Ⅲ	良好	无
3	150	—	—	—	Ⅱ	Ⅲ	良好	无
坍落度平均值(mm)					150			

结论:坍落度满足设计要求;
混凝土实测表观密度 2 440 kg/m³

备注:设计坍落度 130～150 mm

试验: 复核: 审核: 日期:

混凝土配合比设计检测报告

报告编号：×××××—×××××—×××

水泥混凝土拌和物稠度试验

样品名称	水泥混凝土		样品产地			主要仪器	混凝土搅拌机、坍落度仪
样品规格	C50 混凝土，$W/B=0.36$		试验规程	JTG F30—2005		试验环境	温度 22 ℃，湿度 53%
混凝土配合比	水泥：砂：碎石：钢纤维：水 = 423：639：1 188：25：5.49：154 外加剂：		拌和方式	机械拌制		强度等级	C50
试验次数	坍落度（mm）	扩展后最大粒径（mm）	扩展后最小粒径（mm）	扩展度（mm）	棍度	含砂情况	黏聚性	保水性
1	150	—	—	—	Ⅱ	Ⅲ	良好	无
2	150	—	—	—	Ⅱ	Ⅲ	良好	无
3	150	—	—	—	Ⅱ	Ⅲ	良好	无
坍落度平均值（mm）								
结论：坍落度满足设计要求； 混凝土实测表观密度 2 440 kg/m³					备注： 设计坍落度 130～150 mm			

试验：　　　　　　　复核：　　　　　　　审核：　　　　　　　日期：

第二章　无机结合料混合料配合比设计

第一节　水泥稳定土配合比设计

- **技术标准**:《公路水泥混凝土路面设计规范》(JTG D40—2002)

  《公路沥青路面设计规范》(JTG D50—2006)

  《通用硅酸盐水泥》(GB 175—2007)

  《公路路面基层施工技术规范》(JTJ 034—2000)

  《水泥混凝土路面施工技术规范》(JTG F30—2003)
- **检测依据**:《公路工程无机结合料稳定材料试验规程》(JTG E51—2009)

  《公路土工试验规程》(JTG E40—2007)

  《公路工程集料试验规程》(JTG E42—2005)

一、水泥稳定土配合比设计基本要求

(1)各级公路用水泥稳定类材料的组成设计应根据表2-1的强度要求标准,通过试验选取最宜于稳定的材料,确定必需的水泥剂量和混合料的最佳含水率,在需要改善混合料的物理力学性质时,还应确定掺合料的比例。

表2-1　水泥稳定土抗压强度标准

稳定剂类型	结构层位	公路等级	
		二级和二级以下公路 (MPa)	高速公路和一级公路 (MPa)
水泥稳定土	基层	2.5～3	3～5
	底基层	1.5～2	1.5～2.5

注:1. 设计累计标准轴载次数小于 12×10^{6} 的公路可采用低限值;设计累计标准轴载次数超过 12×10^{6} 的公路可用中值;主要行驶重载车辆的公路应用高限值;某一具体公路应采用一个具体值,而不是一个范围。

    2. 二级以下公路可取低限值;行驶重载车辆的公路,应取较高的值;二级公路可取中值;行驶重载车辆的二级公路应取高限值;某一具体公路应采用一个具体值,而不是一个范围。

(2)采用综合稳定材料时,如水泥用量占结合料总量的30%以上,水泥和石灰的比例宜取60:40、50:50、40:60。

(3)水泥稳定土做基层时,对所用的碎石和砾石应根据实际情况分成3～4个不同粒级再配合,其目的是保证水泥稳定土混合料各粒级颗粒搭配均匀,避免出现离析的情况,尤其是粗粒土。

(4)水泥稳定土土粒为粒径较均匀的砂时,宜在砂中添加少部分塑性指数小于10的黏性土或石灰,也可添加部分粉煤灰,以改善其抗裂性能,加入比例通过击实试验确定,以混合

料的标准干密度接近最大值的比例作为添加比例,一般为 20% ~40% 。

(5)水泥稳定土可适用于各种交通类型道路的基层和底基层,但水泥稳定土不应用作高级沥青路面的基层,只能用作底基层。在高速公路和一级公路上的水泥混凝土面板下,水泥土也不应用作基层。

(6)水泥稳定土用作基层时,应控制水泥剂量不超过 6% 。必要时,应首先改善集料的级配,然后用水泥稳定。但是,需要说明的是,控制水泥剂量不超过 6% 是针对水泥稳定中粒土和粗粒土而言的,在只能使用水泥稳定细粒土做基层时或水泥稳定集料的强度要求明显大于规定时,水泥剂量不受此限制。

二、水泥稳定土的正确运用

(1)在雨季施工水泥稳定土,特别是水泥土结构层时,应特别注意气候变化,勿使水泥和混合料遭受雨淋。降雨时应停止施工,但已经摊铺的水泥稳定土混合料应尽快碾压密实。

(2)水泥稳定土结构层施工时,必须遵守下列规定:

①土块应尽可能粉碎,土块最大粒径不应大于 15 mm。

②配料必须准确。

③水泥必须摊铺均匀(路拌法)。

④洒水、拌和必须均匀。

⑤应严格掌握基层厚度和高程,其路拱横坡应与面层一致。

⑥应在混合料处于或略大于最佳含水率(气候炎热干燥时,基层混合料可在大于 1% ~ 2% 时进行碾压,直到达到按重型击实试验法确定的要求压实度(最低要求)(见表 2-2))。

表 2-2 水泥稳定土压实度

公路等级	层位	稳定土类	压实度
高速公路和一级公路	基层	水泥稳定粒料	98%
二级和二级以下公路		水泥稳定中粒土和粗粒土	97%
		水泥稳定细粒土	95%
高速公路和一级公路	底基层	水泥稳定中粒土和粗粒土	96%
		水泥稳定细粒土	95%
二级和二级以下公路		水泥稳定中粒土和粗粒土	95%
		水泥稳定细粒土	93%

注:由于当前有较多种大能量压路机,宜提高压实度 1% ~2% 。

⑦水泥稳定土结构层应用 12 t 以上的压路机碾压。

⑧路拌法施工时,必须严密组织。采用流水作业法施工,尽可能缩短从加水拌和到碾压终了的延迟时间。此时间不应超过 3 ~4 h,并应短于水泥的终凝时间。采用集中厂拌法施工时,延迟时间不应超过 2 ~3 h。

⑨必须保湿养生,使稳定土层表面不干燥,也不应忽干忽湿。

⑩水泥稳定土基层未铺封层或面层时,除施工车辆外,禁止一切机动车辆通行。

⑪水泥稳定土基层施工时,严禁用薄层贴补法找平。

三、试验前准备

（1）水泥取样（前已述及，此处从略）；

（2）对集料四分法取样（前已述及，此处从略）；

（3）无机结合料的取样。

①四分法。

需要时应加清水使主样品变湿，充分拌和主样品；在一块清洁、平整、坚硬的面上将料堆成一个圆锥体，用铲翻动此锥体并形成一个新锥体，这样重复进行三次。在形成每一个锥体堆时，铲中的料要放在锥顶，使滑动部分尽可能分布均匀，使锥体的中心不移动。

用平头铲反复交错垂直插入最后一个锥体的顶部，使锥体顶变平，每次插入后提起铲时不要带有材料。沿两个垂直的直径，将已变成平顶的锥体料堆分成四部分，尽可能使这四部分料的质量相同。

将对角的一对料（如一、三象限为一对，二、四象限为另一对）铲到一边，将剩余的一对料铲到一块。重复上述拌和以及缩小的过程，直到达到要求的样品质量。

②用分料器法。

如果集料中含有粒径为 5 mm 以下的细料，材料应该是表面干燥的。将材料充分拌和后通过分料器，保留一部分，将另一部分再次通过分料器。这样重复进行，直到将原样品缩小到需要的质量。

四、水泥稳定土适用范围和原理

（一）适用范围

水泥稳定土应用广泛，由于其耐磨性差，在路面工程中一般不用于路面面层，主要作为路面基层材料。

（二）原理

在土中掺入一定量的水泥在最佳含水率条件下拌和、压实、养生后，使混合料发生一系列的物理、化学作用而得到的具有较高后期强度，整体性和稳定性均较好的材料。

五、原材料试验

（1）颗粒分析（同土的颗粒分析试验）、液限和塑性指数（同土的液塑限联合测定法）、重型击实试验（同土的击实试验）、碎石的压碎值试验（同粗集料的压碎值试验）、石灰的有效氧化钙和氧化镁含量（同石灰的有效氧化钙和有效氧化镁含量的测定）、有机质含量、硫酸盐含量试验。

（2）对级配不良的碎石、碎石土、砂砾、砂砾土、砂等，宜改善其级配。

（3）应检验水泥的强度等级、凝结时间、水泥胶砂强度。

六、水泥稳定土配合比设计步骤

（1）分别按表2-3的5种水泥剂量配制同一种土样、不同水泥剂量的混合料。

表 2-3　混合料的配制水泥剂量

土类层位	中粒土和粗粒土					塑性指数小于 12 的细粒土					其他细粒土				
基层	3%	4%	5%	6%	7%	5%	7%	8%	9%	11%	8%	10%	12%	14%	16%
底基层	3%	4%	5%	6%	7%	4%	5%	6%	7%	9%	6%	8%	9%	10%	12%

注:1. 在能估计合适的情况下,可以将 5 个不同剂量缩减到 3 个或 4 个。

2. 如要求用作基层的混合料有较高强度,水泥剂量可用 4%、5%、6%、7%、8%。

（2）确定各种混合料的最佳含水率和最大干密度,至少应做 3 个不同水泥剂量混合料的击实试验,即最大剂量、中间剂量、最小剂量。其他 2 个剂量混合料的最佳含水率和最大干密度用内插法求得。

（3）按规定压实度分别计算不同水泥剂量的试件应有的干密度。

（4）按最佳含水率和计算得到的干密度制备试件。进行强度试验时,作为平行试验的最小试件数量应不小于表 2-4 的规定。如试验结果的偏差系数大于表中规定的值,则应重做试验,并找出原因,加以解决。如不能降低偏差系数,则应增加试件数量。

表 2-4　最小试件个数

稳定土类型	不同偏差系数时的试验数量		
	小于 10%	10% ~ 15%	小于 20%
细粒土	6	9	—
中粒土	6	9	13
粗粒土	—	9	13

（5）试件在规定温度下保湿养生 6 d,浸水 24 h 后,进行无侧限抗压强度试验。

（6）计算试验结果的平均值和偏差系数,公式如下:

$$\bar{x} = \frac{1}{n} \sum_{i=1}^{n} x_i \tag{2-1}$$

$$S = \sqrt{\frac{\sum_{i=1}^{n} (x_i - \bar{x})^2}{n-1}} = \sqrt{\frac{1}{n-1}\left(\sum_{i=1}^{n} x_i^2 - n\bar{x}^2\right)} \tag{2-2}$$

$$C_v = \frac{S}{\bar{x}} \tag{2-3}$$

（7）根据表 2-1 的强度标准,选定合适的水泥剂量,此剂量实验室内试验结果的平均抗压强度应符合式(2-4)的要求。

$$\bar{R} > R_d / (1 - Z_\alpha C_v) \tag{2-4}$$

式中　R_d——设计抗压强度,MPa;

C_v——试验结果的偏差系数(以小数计);

Z_α——保证率系数,高速公路应取保证率 95%,此时即 $Z_\alpha = 1.645$,一般公路应取保证率 90%,即 $Z_\alpha = 1.282$。

（8）工地实际采用的水泥剂量应比室内试验确定的剂量多 0.3% ~ 1.0%,采用集中厂拌法施工时可只增加 0.3% ~ 0.5%;采用路拌法施工时,宜增加 1%。

（9）水泥的最小剂量应符合表 2-5 的规定。

表 2-5 水泥的最小剂量

土类	拌和方法	
	路拌法	集中厂拌法
中粒土和粗粒土	4%	3%
细粒土	5%	4%

（10）水泥改善土的塑性指数应不大于6，承载比应不小于240。

七、例题

某山区高等级公路采用水泥稳定碎石路面基层，试按现行技术规范所要求的方法进行水泥稳定碎石混合料配合比设计。

【设计资料】

（1）山区一级公路，路线所经地区属暖温带气候，基层水泥稳定碎石30 cm厚，7 d无侧限抗压强度要求值4.0 MPa。

（2）水泥要求以强度等级P·S·A 42.5、慢凝（要求终凝时间宜在6 h以上）的矿渣硅酸盐水泥为宜；碎石集料压碎值不大于30%，碎石集料中粒径小于0.5 mm材料的塑性指数小于9，碎石集料级配应符合表2-6规定的级配要求。

表 2-6 碎石集料级配规定范围

筛孔（mm）	31.5	19.0	9.5	4.75	2.36	0.60	0.075
通过量（%）	100	88~99	57~77	29~49	17~35	8~22	0~7

（3）施工时混合料采用厂拌法，铺筑现场采用摊铺机摊铺，分两层碾压成型，下层厚18 mm，上层厚12 mm，压实度指标按98%控制。

【设计步骤】

（一）原材料检验及选定

水泥：当地可供应强度等级P·S·A 42.5、慢凝的矿渣硅酸盐水泥，经检验各项技术指标均满足有关规范的要求，可以采用。其主要技术指标试验结果列入表2-7中。

表 2-7 水泥材料试验结果汇总

检验项目		规定值	检验结果
细度（%）		≤10.0	9.6
安定性（沸煮法）		合格	合格
初凝时间		≥45 min	2 h 50 min
终凝时间		≤600 min	5 h 46 min
抗压强度（MPa）	3 d	16.0	19.2
	28 d	42.5	45.8
抗折强度（MPa）	3 d	3.5	3.9
	28 d	6.5	6.7

碎石:当地某石料场可提供粒径 10～30 mm 碎石、粒径 5～10 mm 碎石和粒径小于 5 mm 的石屑,碎石集料压碎值分别为 27.0%、25.3% 和 26.8%,石屑中粒径小于 0.5 mm 的材料塑性指数为 8。对三种规格碎石材料进行筛分试验,根据筛分结果通过试算法组配混合石料,经计算混合石料级配满足设计要求,可采用。计算结果如表 2-8 所示。

表 2-8   石料筛分和集料级配计算结果

筛孔 (mm)	石料筛分(通过量)结果(%)						集料 级配 (%)	集料级配要求值	
	碎石				石屑			中值	范围
	10～30 mm		5～10 mm		<5 mm				
	100%	20%	100%	45%	100%	35%			
31.5	100.0	20.0	100.0	45.0	100.0	35.0	100	100	100
19.0	54.8	11.0	100.0	45.0	100.0	35.0	91.0	93.5	88～99
9.5	1.5	0.3	65.4	29.4	100.0	35.0	64.7	67.0	57～77
4.75	1.1	0.2	5.9	2.7	97.8	34.2	37.1	39.0	29～49
2.36	0	0	0.7	0.3	78	27.3	27.6	26.0	17～35
0.60	—	—	0	0	32.5	11.4	11.4	15	8～22
0.075					13.7	4.8	4.8	3.5	0～7

碎石材料的风干含水率,实测值为 0.42%,在此例计算中碎石料的含水率按零计。

(二)拟定水泥剂量的掺配范围

水泥稳定级配碎石路面基层,设计要求 7 d 无侧限饱水抗压强度不小于 4.0 MPa,根据经验,水泥剂量按 4%、5%、6%、7% 四种比例配制混合料,即水泥:碎石分别为:4∶100、5∶100、6∶100、7∶100。

(三)确定最佳含水率和最大干密度

对四种不同水泥剂量的混合料做标准击实试验,确定出最大干密度和最佳含水率,如表 2-9所示。

表 2-9   混合料标准击实试验结果

水泥剂量(%)	4	5	6	7
最佳含水率(%)	5.9	6.0	6.2	6.4
最大干密度(g/cm³)	2.325	2.330	2.335	2.340

(四)测定 7 d 无侧限抗压强度

(1)制作试件:对水泥稳定级配碎石路面基层混合料试件的制备,按现行技术规范规定采用 150 mm × 150 mm × 150 mm 的圆柱体试体,每种水泥剂量按 13 个试件配件,工地压实度按 98% 控制。现将制备试件所需的基本参数计算如下:

①配制一种剂量时一个试件所需的各种原材料数量。

成型一个试件按 7 000 g 混合料配制,取水泥和碎石材料的含水率为 0,先计算水泥剂量为 4% 的各种材料数量:

干混合料 $\dfrac{7\,000}{1+5.9\%}=6\,610(\text{g})$

集料 $\dfrac{6\,610}{1+4\%}=6\,355.8(\text{g})$

水泥:$6\,610-6\,355.8=254.2(\text{g})$

需加水量:$6\,610\times5.9\%=390(\text{g})$

②制备一个试件需要混合料的数量。

$$m = v\rho_{\text{d}}k(1+\omega_0) = \dfrac{\pi\times15^2}{4}\times15\times2.325\times98\%\times(1+5.9\%) = 6\,393(\text{g})$$

③用同样的方法对水泥剂量为 5%、6% 和 7% 的混合料按制作参数进行试件质量计算,计算结果列入表 2-10 中。

表 2-10   混合料试件计算结果

水泥剂量(%)			4	5	6	7
试件干密度(g/cm³)			2.325	2.330	2.335	2.340
一个试件所需材料数量(g)	水泥		254.2	314	373	430
	碎石	10~30(20%)	1 271	1 258	1 244	1 230
		5~10(45%)	2 860	2 830	2 798	2 767
		<5(35%)	2 225	2 201	2 176	2 152
	需加水量		390	397	409	421
一个试件混合料质量(g)			6 393	6 413	6 438	6 464

(2)测定饱水无侧限抗压强度,试件经 6 d 标准养护 1 d 浸水,按规定方法测得 7 d 饱水无侧限抗压强度结果如表 2-11 所示。

表 2-11   抗压强度试验结果汇总

水泥剂量(%)	4	5	6	7
强度平均值 $\bar{R}$(MPa)	3.92	4.13	5.75	6.48
强度标准差 σ(MPa)	0.410	0.426	0.561	0.728
强度偏差系数 C_{v}(%)	10.5	10.6	9.8	11.2
$\dfrac{R_{\text{d}}}{1-Z_\alpha C_{\text{v}}}$(MPa)	4.84	4.84	4.77	4.90
是否满足公式 $\bar{R}\geqslant\dfrac{R_{\text{d}}}{1-Z_\alpha C_{\text{v}}}$	否	否	是	是

注:表中 Z_α 取 1.645 计算。

(五)确定实验室配合比(目标配合比)

通过以下方法确定水泥最佳剂量:

（1）比较强度平均值和设计要求值，根据试验结果，水泥剂量为 4%、5%、6%、7%时试件强度平均值均满足不低于 4.0 MPa 设计值要求。

（2）考虑到试验数据的偏差和施工中的保证率，对水泥剂量 4%、5%、6%、7%时的系数 $Z_\alpha = 1.645$，通过计算，水泥剂量为 6%和 7%的强度能满足强度指标要求。

（3）从工程经济性考虑，6%的水泥剂量为满足强度指标要求的最小水泥用量，为最佳水泥用量，则实验室配合比为：水泥：集料 = 6：100，混合料的最佳含水率为 6.2%，最大干密度为 2.335 g/cm³，施工时压实度按 98%控制。

（六）确定生产配合比

根据施工现场情况，对实验室确定的配合比进行调整，对集中厂拌法施工，水泥剂量要增加 0.5%，对水泥稳定性粗粒土拌和，含水率要较最佳含水率大 0.1%～2.0%，所以经调整后得到的生产配合比为：水泥：集料 = 6.5：100，混合料含水率为 7.0%，最大干密度为 2.338 g/cm³，施工时压实度按 98%控制。

本例在配合比设计计算时对集料含水率忽略不计，但在工地施工时集料的含水率不能忽略不计，在施工时可根据具体情况对上述生产配合比进行调整，得出最终的施工配合比。

八、小练习

（1）简述水泥稳定类混合料水泥剂量确定方法。

（2）在水泥稳定类配合比中，水泥剂量越高，获得的强度越高，而工程中却需选定一个最合适水泥用量，为什么？

（3）水泥稳定土含水率测试与普通含水率测试有何不同？

（4）为了检测某水泥稳定细粒土无侧限抗压强度，需要配制若干个试件用的混合料，请根据混合料类型选择所需要的试件数量、试模规格，计算一个试件所需各种材料的用量。

第二节　石灰稳定土混合料配合比设计

● **技术标准**：《公路路面基层施工技术规范》（JTJ 034—2000）
● **检测依据**：《公路工程无机结合料稳定材料试验规程》（JTG E51—2009）
　　　　　　《公路工程集料试验规程》（JTG E42—2005）

一、石灰稳定土配合比基本要求

（1）石灰稳定土用作底基层时，颗粒的最大粒径不应超过 53 mm，用作基层时，颗粒的最大粒径不应超过 37.5 mm。

（2）石灰稳定土中碎石或砾石的抗压碎能力应符合下列要求：

一般公路的底基层，集料压碎值不大于 40%；高速公路和一级公路的底基层、二级以下公路的基层，集料压碎值不大于 35%；二级公路的基层，集料压碎值不大于 30%。

（3）硫酸盐含量超过 0.8%的土和有机质含量超过 10%的土，不宜用石灰稳定。石灰技术指标应符合表 2-12 的规定。

表 2-12　石灰材料技术指标

检测项目	钙质生石灰			镁质生石灰			钙质消石灰			镁质消石灰		
	等级											
	I	II	III	I	II	III	I	II	III	I	II	III
有效钙加氧化镁含量(%),不小于	85	80	70	80	75	65	65	60	55	60	55	50
未消化残渣含量(5 mm 圆孔筛的筛余(%)),不小于	7	11	17	10	14	20	—	—	—	—	—	—
含水率(%),不小于	—	—	—	—	—	—	4	4	4	4	4	4
细度 0.71 mm 方孔筛的筛余(%),不小于	—	—	—	—	—	—	0	1	1	0	1	1
细度 0.125 mm 方孔筛的累计筛余(%),不小于	—	—	—	—	—	—	13	20		13	20	
钙、镁石灰的分类界限	≤5			>5			≤4			>4		

（4）要尽量缩短石灰的存放时间,在野外堆放时间较长时,应妥善覆盖保管,不应遭日晒雨淋。

（5）在冰冻地区的潮湿路段以及其他地区的过分潮湿路段,不宜采用石灰土做基层。当只能采用石灰土时,应采取措施防止水分浸入石灰土层。

二、石灰稳定土施工时的规定

（1）细粒土应尽可能粉碎,土块最大粒径不应大于 15 mm。

（2）配料必须准确。

（3）石灰必须摊铺均匀。

（4）洒水、拌和必须均匀。

（5）应严格掌握基层厚度和高程,其路拱横坡应与面层一致。

（6）应在混合料处于或略小于(如小于最佳含水量 1% ~2%)最佳含水率时进行碾压,直到达到按重型击实试验法确定的要求压实度,如表 2-13 所示。

表 2-13　石灰稳定土压实度

公路等级	层位	稳定土类	压实度
高速公路和一级公路	基层	—	—
二级和二级以下公路		石灰稳定中粒土和粗粒土	97%
		石灰稳定细粒土	95%
高速公路和一级公路	底基层	石灰稳定中粒土和粗粒土	96%
		石灰稳定细粒土	95%
二级和二级以下公路		石灰稳定中粒土和粗粒土	95%
		石灰稳定细粒土	93%

注:由于当前有较多种大能量压路机,宜提高压实度 1% ~2% 。

（7）塑性指数 15～20 的黏性土,易于粉碎和拌和,便于碾压成型,施工和使用效果都较好。

（8）石灰放置时间过长,其有效氧化钙和氧化镁的含量会有很大损失。

（9）洒水闷料的目的是使水分在集料内分布均匀并透入颗粒和大小土团的内部,这一点对试验结果尤为重要。

三、试验前准备

（1）水样采取（前已述及,此处从略）。

（2）无机结合料的取样（前已述及,此处从略）。

（3）土的取样（前已述及,此处从略）。

四、步骤

（一）试验准备

（1）在石灰稳定土施工前,应取所定料场中有代表性的土样进行下列试验:颗粒分析（同土的颗粒分析试验）、液限和塑性指数（同土的液塑限联合测定法）,重型击实试验（同土的击实试验）、碎石的压碎值试验（同粗集料的压碎值试验）、石灰的有效氧化钙和氧化镁含量试验（同石灰的有效氧化钙和有效氧化镁含量的测定）。

（2）如碎石、碎石土、砂砾、砂砾土等的级配不好,应外加某种集料改善其级配,其配合比应通过试验确定。

（3）应检验石灰的有效氧化钙和氧化镁含量。

（二）设计步骤

（1）制备同一种土样、不同石灰剂量的石灰土混合料,如表 2-14 所示。

表 2-14　石灰剂量

土类层位	砂砾土和碎石土					塑性指数小于 12 的黏性土					塑性指数大于 12 的黏性土				
基层	3%	4%	5%	6%	7%	10%	12%	13%	14%	16%	5%	7%	9%	11%	13%
底基层	3%	4%	5%	6%	7%	8%	10%	11%	12%	14%	5%	7%	8%	9%	11%

（2）确定混合料的最佳含水率和最大干密度,至少应做 3 个不同水泥剂量混合料的击实试验,即最大剂量、中间剂量、最小剂量。其他 2 个剂量混合料的最佳含水率和最大干密度用内插法求得。

（3）按工地预定达到的压实度,分别计算不同石灰剂量的试件应有的干密度。

（4）按最佳含水率和计算得干密度制备试件,进行强度试验时,作为平行试验的最少试件数量应不小于表 2-15 的规定。如试验结果的偏差系数大于表 2-15 规定的值,则应重做试验,并找出原因,加以解决。如不能降低偏差系数,则应增加试件数量。

（5）试件在规定温度下保湿养生 6 d,浸水 1 d 后,进行无侧限抗压强度试验。

（6）计算试验结果的平均值和偏差系数。

表 2-15　最少的试件数量

稳定土类型	不同偏差系数时的试验数量		
	小于 10%	10% ~ 15%	小于 20%
细粒土	6	9	—
中粒土	6	9	13
粗粒土	—	9	13

$$\bar{x} = \frac{1}{n}\sum_{i=1}^{n} x_i$$

$$S = \sqrt{\frac{\sum_{i=1}^{n}(x_1 - \bar{x})^2}{n-1}} = \sqrt{\frac{1}{n-1}\left(\sum_{i=1}^{n} x_1^2 - n\bar{x}^2\right)}$$

$$C_v = \frac{S}{\bar{x}}$$

(7) 不同交通类别道路上,石灰稳定土的 7 d 浸水抗压强度(MPa)应符合表 2-16 的规定。

表 2-16　石灰稳定土的强度等级

层位	公路等级	
	二级和二级以下公路	高速公路、一级公路
基层(MPa)	≥0.8①	—
底基层(MPa)	0.5 ~ 0.7②	≥ 0.8

注:①在低塑性土(塑性指数小于7)的地区,石灰稳定砂砾土和碎石土的7 d 浸水抗压强度应大于0.5 MPa(100 g 平衡锥测液限)。

②低限用于塑性指数小于 7 的黏性土,高限用于塑性指数大于 7 的黏性土。

(8) 根据表 2-16 的强度标准,选定合适的石灰剂量。此剂量实验室内试验结果的平均抗压强度 $\bar{R}$ 应满足式(2-4)的要求。

(9) 工地实际采用的石灰剂量应比室内试验确定的剂量多 0.5% ~ 1.0%,采用集中厂拌法施工时,可只增加 0.5%;采用路拌法施工时,宜增加 1%。

五、例题

某新建二级公路,因地处潮湿地带,选用石灰土作为底基层。设计强度要求 7 d 龄期的饱水强度为 0.7 MPa,试设计石灰剂量。

根据现场采集的土样筛分和试验得:$W_L = 33.34\%$,$I_P = 12.31$,确定为中液限土。通过击实试验求得石灰剂量分别为 8% 、10% 、11% 、12% 、14% 的最佳含水率及对应的最大干密度见表 2-17。

表 2-17　不同石灰剂量的最佳含水率和最大干密度

石灰剂量 （%）	最佳含水率 （%）	最大干密度 （g/cm³）	石灰剂量 （%）	最佳含水率 （%）	最大干密度 （g/cm³）
8	10.91	1.839	12	12.56	1.848
10	11.38	1.85	14	13.35	1.818
11	11.84	1.854			

再按所求得的最佳含水率 ω_0、最大干密度 ρ_d 制备满足施工压实度的石灰剂量分别为 8%、10%、11%、12%、14% 的试件，每组 6 个，并按规范要求进行保湿养生 6 d，浸水 1 d，然后进行抗压试验，并将计算结果列入表 2-18。由表 2-18 计算结果知，当石灰剂量为 11% 时的平均抗压强度最高，故验算该组 6 个试件的相关情况，然后判断是否还要补作试件。

表 2-18　不同石灰剂量的抗压强度　　　　　　　（单位：MPa）

试件编号	石灰剂量				
	8%	10%	11%	12%	14%
1	0.616	0.642	0.758	0.698	0.590
2	0.588	0.652	0.728	0.708	0.572
3	0.632	0.690	0.753	0.669	0.566
4	0.626	0.672	0.782	0.656	0.618
5	0.590	0.664	0.747	0.693	0.607
6	0.568	0.624	0.769	0.632	0.584
平均值	0.603	0.657	0.756	0.676	0.589

$$\overline{R} = 0.756 \text{ MPa} \qquad \sigma_{n-1} = 0.024\ 6 \text{ MPa} \qquad C_v = 0.024\ 6$$

因为为二级公路，应取保证率为 90%，$Z_\alpha = 1.282$，依据设计强度要求 $R_d = 0.7$ MPa。代入式(2-4)得

$$R_d / (1 - Z_\alpha C_v) = 0.7 / (1 - 1.282 \times 0.024\ 6) = 0.723 < \overline{R} = 0.756$$

故从强度选择，灰土的石灰剂量为 11%。但剂量的选用，不能单纯追求高强度，还应全面考虑材料费用、施工成本和拌和机具等条件来最后确定。

六、小练习

(1)简述石灰稳定土组成设计的步骤。

(2)在石灰稳定类组成设计时，需要进行哪些原材料检验试验？

(3)简述石灰稳定土的击实实验的目的和适用范围。

第三节　无机结合料混合料的配合比设计专用设备与技术参数

路面材料强度试验仪

最大额定载荷:100 kN;
丝杠盘升降最大移动距离:200 mm;
机动速度:快速 50 mm/min;
慢速 1 mm/min;
手动速度:0.1 mm/摇把每圈;
摇把每电机功率:550 W;
工作电压:380 V

无侧限试模

细粒土(≤5 mm):直径×
高 = 50 mm×50 mm;
中粒土(≤25 mm):直径×
高 = 100 mm×100 mm;
粗粒土(≤40 mm):直径×
高 = 150 mm×150 mm

直读式测钙仪

石灰剂量:6.0% ~18.0%;
绝对误差:≤0.4%;
水泥剂量:3.0% ~10.0%;
绝对误差:≤0.4%;
多功能直读式测钙仪有效氧
化钙含量:20% ~80%;
绝对误差:≤2%

石灰土压力机

转轮每转一圈升降板行
程:0.2 mm;
升降板最大行程:30 mm;
最大轴向负荷:0.6 kN;
重塑筒直径:φ39.1 mm;
外箱规格:590 mm×
388 mm×250 mm;
体积:0.06 m³;
质量:110 kg

圆孔筛

40 mm、25 mm
(20 mm)、
5 mm 各一个

反力框架

400 kN、液压千斤顶
(200 ~500 kN)

CBR 试验仪

最大载荷:30 kN、50 kN(可选);
载荷速度:1.0 mm/min;
贯入杆:φ50 mm×100 mm;
工作台:φ50 mm;
工作台行程:50 mm;
试件模:φ152 mm×170 mm;
仪器尺寸:310 mm×
310 mm×930 mm;
仪器质量:100 kg

第四节 无机结合料混合料生产配合比应用

一、无机结合料混合料拌和设备实景图

稳定土厂拌设备

料仓局部实景图

控制室主屏实景图

二、无机结合料混合料厂拌工艺流程

无机结合料混合料厂拌系统原理工艺流程见图2-1。稳定土厂拌工艺流程见图2-2。

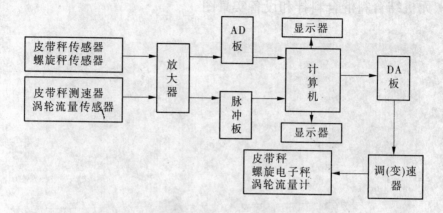

图 2-1　无机结合料混合料厂拌系统原理工艺流程

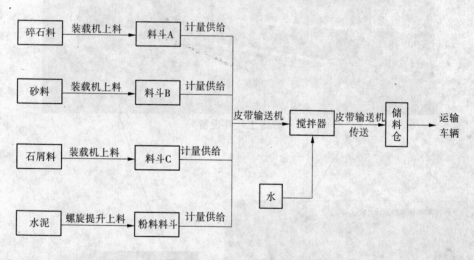

图 2-2　稳定土厂拌工艺流程

三、无机结合料混合料厂拌设备及系统

一般稳定土厂拌设备主要由矿料配料机组、集料皮带输送机、粉料储存配给系统、搅拌器、水箱及供水系统、电器控制系统、成品料皮带输送机和成品储料斗等组成。

（1）无机结合料混合料生产设备（又名稳定土厂）主要结构：

①配料机组：一般由几个料斗和相对应的配料机、水平皮带传送机、机架等组成。每个配料机均是由料斗、料门、配料皮带、输送机及驱动装置等组成的独立完整部分。

②集料皮带：输送机和成品料皮带输送机。

③粉料储存配给系统：一般由粉料储仓、螺旋传送机和粉料给料计量装置进料、出料及

动力驱动装置组成。

④搅拌器：一般由搅拌轴、搅拌臂、搅拌桨叶、壳体、衬板组成。

⑤供水系统：一般由水泵(带电动机)储水箱、供水阀、回水阀、流量计、喷嘴或喷孔和管路组成。

⑥成品储料仓：一般由立柱、料斗、卸料斗门及其启闭机构组成。

(2)厂拌稳定土料厂控制系统。

①电气系统主要包括电源、电气运行显示系统、电气操纵控制系统等。控制形式主要有计算机集中控制和常规电器控制两种。在控制系统电路中都设有过载和短路保护装置及工作机构工作状态指示灯，用来保护电路和直接显示设备运行情况。凡主动控制型厂拌设备，一般都设有自动控制和手动控制两套控制装置，操作室可以自由切换。任何形式的控制系统都必须遵守工艺路线中各个设备启动和停机的程序。

②物料计量方式有容积式和称重式两种。称重式计量方式是在容积式计量方式的基础上，用电子传感器测出物料单位时间内通过的质量信号，并根据质量信号调节皮带传送机转速。这种方式用质量作为计量和显示单位，计量精度高于容积式；称重计量器形式主要有电子皮带秤、核子秤、减量秤和增量秤等。

四、路拌法与厂拌法

稳定土拌和机是直接在施工现场将稳定剂与土壤或砂石均匀拌和的专用机械。它主要应用于处理软土地基，市政道路、广场、港口码头、停车场、机场等建筑工程的基础工程，高等级公路路面底基层、基层施工，中低等级基层或面层的建筑施工。其施工工艺简称路拌法施工。稳定土所需稳定剂配量数量即配比控制，必须与拌和机行驶运行速度和喷洒稳定剂流量联合起来调整实施标准配合比。

稳定土厂拌设备是专门用于拌制各种以水硬性胶凝材料为结合剂的稳定混合料的搅拌机组。混合料的拌制是在固定场地集中进行的，材料级配准确、拌和均匀、节省材料、计算机自动控制、打印存储相关数据。用厂拌设备获得混合料的施工工艺，简称厂拌法。其工作原理：各种选定物料如石灰、水泥等粉料经泵送等各种途径送进粉料存点，由螺旋输送机输入计量料斗，再使用粉料给料机计量给出，送出集料机。各种集料、粉料由集料机输送至搅拌机拌和，在搅拌机物料入口上部设有液体喷头，根据混合前各种物料的含水率情况，供水系统喷水，以调整混合料的含水率达到最佳含水率，使之满足工程所需。有时，可利用相应的供给系统喷出各种不同的稳定液。混合料的成品经成品料皮带送至混合料存仓暂存，储存仓底部有可控制的斗门，开启斗门向停放于储存仓下的运输车卸料，然后闭斗门暂存换车。

第五节 无机结合料稳定材料配合比报告案例

样品名称:无机结合料稳定材料(水稳碎石基层)　　委托单位:　　检测类别:　　报告日期:

无机结合料稳定材料配合比

报告编号:×××—×××—×××　　　　　　　　　　　　第1页　共18页

委托单位				
工程名称		××公路工程		
样品名称	样品编号	规格产地	质量(kg)	样品表述
水泥	SN43	P·C 32.5,××公司	50	粉状、干燥、无结块
碎石	SS73	10~30 mm	150	均匀、干净
碎石	SS74	10~20 mm	150	均匀、干净
碎石	SS75	5~10 mm	150	均匀、干净
石粉	SH35		150	均匀、干净
检测类别	委托检测		检测项目	颗粒级配、击实试验、无侧限抗压强度、灰剂量标准曲线
检测依据	设计文件		委托时间	
主要仪器设备	DJY-Ⅲ型多功能电动击实机(编号:×××)、WYC-150Ⅱ型稳定土试件成型机(编号:×××)、电子称、钢尺、WE-60液压万能材料试验机(编号:×××)等			
检测结论	①水泥剂量为5.0%,基层设计强度为4.0 MPa,EDTA耗量9.4 mL; ②最大干密度:2.35 g/cm³,最佳含水率:5.2%; ③设计强度为4.0 MPa,实测强度为7.0 MPa,$\bar{R}=7.0>R_d/(1-Z_\alpha C_v)=4.5$,合格			
试验环境	室温			
批准人			审核人	
主检人				
录入		校对		打印日期

审核:　　　　　复核:　　　　　试验:　　　　　日期:

无机结合料稳定材料配合比

委托单位		工程名称		××工程
样品名称	水泥	样品产地		
检验依据	GB 175—2007	主要仪器设备		SJ – 160 水泥净浆搅拌机(编号：×××)、JJ – 5 胶砂搅拌机(编号：×××)、TYE – 300 型恒力压力机(编号：×××)等
水泥品牌及强度等级	P·C 32.5	水泥批号		
出厂日期		进场日期	制作日期	
水泥用途	水泥稳定碎石基层	代表数量		

序号	试验项目			试验结果	国家或部标准规定
1	细度(负压筛法)(%)			6.8	≤10
2	标准稠度用水量(%)			28.0	—
3	凝结时间	初凝时间	min	195	≥45 min
		终凝时间	min	366	≤600 min
4	安定性(标准法)(mm)			1.2	≤5
5	强度(MPa)	抗压	3 d	22.7	≥10.0
			28 d		
		抗折	3 d	4.7	≥2.5
			28 d		

结论：

备注：①检测项目根据委托单位要求；
　　　②对试验结果若无异议,应自报告发出之日十五天内向本检测单位提出,逾期不予受理

审核：　　　　　复核：　　　　　试验：　　　　　日期：

无机结合料稳定材料配合比

矿质混合料配合组成试验记录

样品名称	矿质混合料		主要仪器	标准砂石筛、电子秤等
样品规格	碎石 10～30 mm，10～20 mm，5～10 mm	样品产地	碎石 10～30 mm，10～20 mm，5～10 mm：××石料厂，石粉：××石料厂	试验环境：室温
混合料用途	路面基层	试验规程	JTJ 034—2000	级配类型
筛孔类型	方孔筛			

材料名称	配合比(%)	筛孔尺寸（mm）通过百分率（%）							
		31.5	26.5	19	9.5	4.75	2.36	0.6	0.075
碎石 10～30 mm	20	100.0	84.8	4.0	0.6	0.0	0.0	0.0	0.0
碎石 10～20 mm	25	100.0	100.0	99.2	15.7	2.0	1.0	0.2	0.0
碎石 5～10 mm	15	100.0	100.0	100.0	99.0	22.0	3.2	1.8	0.0
石粉	40	100.0	100.0	100.0	100.0	100.0	80.9	35.6	9.9
合成级配	100		97.0	80.6	58.9	43.8	33.1	14.6	4.0
规定通过百分率(%)			100～90	89～72	67～47	49～29	35～17	22～8	7～0

结论：

备注：①检测项目根据委托单位要求；
②对试验结果若有异议，应自报告发出之日十五天内向本检测单位提出，逾期不予受理

审核：　　　　复核：　　　　试验：

日期：

无机结合料稳定材料配合比

委托单位		工程名称	××工程
样品名称	粗集料(10~30 mm 碎石)	样品产地	××石料厂
检验依据	JTJ 034—2000	主要仪器设备	标准砂石筛等
适用范围	级配范围		水洗0.075 mm 通过率(%)
路面基层	水泥稳定土基层(高速公路、一级公路)		0.6

筛孔尺寸 (mm)	通过百分率 (%)	规定通过百分率(%)	
		最大	最小
31.5	100.0	100	100
26.5	84.8	100	90
19	4.0	89	72
9.5	0.6	67	47
底			

结论：

备注：
　　①检测项目根据委托单位要求；
　　②对试验结果若有异议,应自报告发出之日十五天内向本检测单位提出,逾期不予受理

审核：　　　　　　复核：　　　　　　试验：　　　　　　日期：

无机结合料稳定材料配合比

委托单位		工程名称	××公路
样品名称	粗集料(10～20 mm 碎石)	样品产地	××石料厂
检验依据	JTJ 034—2000	主要仪器设备	标准砂石筛等

适用范围	级配范围		水洗 0.075 mm 通过率(%)
路面基层	水泥稳定土基层(高速公路、一级公路)		0.2

筛孔尺寸 （mm）	通过百分率 （%）	规定通过百分率(%)	
		最大	最小
19	99.2	89	72
9.5	15.7	67	47
4.75	2.0	49	29
2.36	1.0	35	17
0.6	0.2	22	8
底			

结论：

备注：
　①检测项目根据委托单位要求；
　②对试验结果若有异议,应自报告发出之日十五天内向本检测单位提出,逾期不予受理

审核：　　　　　复核：　　　　　试验：　　　　　日期：

无机结合料稳定材料配合比

委托单位			工程名称	××高速公路
样品名称	粗集料(10~20 mm碎石)		样品产地	
检验依据	JTG E42—2005(T 0316—2005)		主要仪器设备	600 kN万能试验机

试验编号	试验前试样质量(g)	通过2.36 mm筛质量(g)	压碎值(%)	压碎值测定值(%)
	2 785	485	17.4	
1	2 785	476	17.1	17.3
	2 785	484	17.4	

结论:该数据为实测值

备注:

审核:　　　　　复核:　　　　　试验:　　　　　日期:

无机结合料稳定材料配合比

委托单位			工程名称	××高速公路
样品名称	粗集料(5~10 mm 碎石)		样品产地	××石料厂
检验依据	JTJ 034—2000		主要仪器设备	标准砂石筛等
适用范围	级配范围		水洗 0.075 mm 通过率(%)	
路面基层	水泥稳定土基层(高速公路、一级公路)		1.6	

筛孔尺寸 （mm）	通过百分率 （%）	规定通过百分率（%）	
		最大	最小
9.5	99.0	67	47
4.75	22.0	49	29
2.36	3.2	35	18
0.6	1.8	22	8
底			

结论:

备注:

①检测项目根据委托单位要求;

②对试验结果若有异议,应自报告发出之日十五天内向本检测单位提出,逾期不予受理

审核:　　　　复核:　　　　试验:　　　　日期:

无机结合料稳定材料配合比

委托单位			工程名称		××高速公路
样品名称		细集料(石粉)	样品产地		××石料厂
检验依据		JTJ 034—2000	主要仪器设备		标准砂石筛等
适用范围		级配范围			水洗 0.075 mm 通过率(%)
路面基层		水泥稳定土基层(高速公路、一级公路)			9.9

筛孔尺寸 (mm)	通过百分率 (%)	规定通过百分率(%)		
		最大	最小	
4.75	100.0	49	29	
2.36	80.9	35	17	
0.6	35.6	22	8	
0.075	9.9	7	0	
底				

结论：

备注：
　①检测项目根据委托单位要求；
　②对试验结果若有异议,应自报告发出之日十五天内向本检测单位提出,逾期不予受理

审核：　　　　复核：　　　　试验：　　　　日期：

无机结合料稳定材料配合比

委托单位			工程名称		××高速公路
样品名称	无机结合料稳定碎石		样品名称		水泥、集料
检验依据	设计文件		主要仪器设备		滴定台架、化学试剂、电子天平、玻璃仪器
结构层类型		基层	集料类型		级配碎石
混合料含水率(%)		5.2	结合料设计用量(%)		5
序号	EDTA 耗量(mL)	结合料剂量(%)	序号	EDTA 耗量(mL)	结合料剂量(%)
1	6.6	3.5	32	9.7	5.2
2	6.7	3.6	33	9.8	5.2
3	6.8	3.6	34	9.9	5.3
4	6.9	3.7	35	10.0	5.4
5	7.0	3.8	36	10.1	5.5
6	7.1	3.8	37	10.2	5.5
7	7.2	3.9	38	10.3	5.6
8	7.3	3.9	39	10.4	5.7
9	7.4	4.0	40	10.5	5.8
10	7.5	4.1	41	10.6	5.9
11	7.6	4.1	42	10.7	6.0
12	7.7	4.2	43	10.8	6.1
13	7.8	4.2	44	10.9	6.2
14	7.9	4.3	45	11.0	6.4
15	8.0	4.3	46	11.1	6.5
16	8.1	4.3	47	11.2	6.7
17	8.2	4.5	48	11.3	6.8
18	8.3	4.4	49	11.4	7.0
19	8.4	4.5	50	11.5	7.2
20	8.5	4.5	51	11.6	7.3
21	8.6	4.6	52	11.7	7.5
22	8.7	4.6	53	11.8	7.5
23	8.8	4.7	54	11.9	7.5
24	8.9	4.7	55	12.0	7.5
25	9.0	4.8	56	12.1	7.5
26	9.1	4.8	57	12.2	7.5
27	9.2	4.9	58	12.3	7.5
28	9.3	4.9	59	12.4	7.5
29	9.4	5.0	60	12.5	7.5
30	9.5	5.1	61	12.6	7.5
31	9.6	5.1	62	12.7	7.5
结论：			备注：		

审核：　　　　　复核：　　　　　试验：　　　　　日期：

无机结合料稳定材料配合比

报告编号：×××××—×××—×××

无机结合料稳定土无侧限抗压强度试验记录

样品名称	无机结合料稳定材料（水稳碎石基层）	样品产地	水泥32.5：××碎石：××石粉：××	主要仪器	600 kN 万能材料试验机等
样品规格	水泥:32.5,碎石10~30 mm,10~20 mm,5~10 mm	试验规程	JTG E51—2009	试验环境	室温
混合料名称	无机结合料稳定材料（水稳碎石基层）	桩号		试件尺寸	φ150 mm×150 mm
混合料比例	水泥:矿粉混合料＝5:100		设计强度	4.0 MPa	成型压实度（%） 98
最大干密度 g/cm³	2.35	材料名称及规格	产地		成型日期
成型时含水率（%）	5.2	矿粉			试压日期

编号	成型后测定 试件质量(g)	成型后测定 试件高度(mm)	饱水前测定 试件质量(g)	饱水前测定 试件高度(mm)	饱水后测定 试件质量(g)	饱水后测定 试件高度(mm)	龄期(d)	破坏荷载(N)	抗压强度(MPa)	平均值(MPa)	备注
1	6 420	150	6 415	150	6 445	150	7	120 000	6.8	7.0	最大值:7.5 MPa 最小值:6.3 MPa 标准差:0.44 MPa 偏差系数:6.3 Rco.95:6.28
2	6 420	150	6 420	150	6 440	151	7	131 000	7.5		
3	6 420	150	6 410	150	6 450	151	7	131 000	7.5		
4	6 420	150	6 420	150	6 440	150	7	123 000	7.0		
5	6 420	150	6 415	150	6 440	151	7	121 000	6.9		
6	6 420	150	6 420	150	6 445	150	7	130 000	7.4		
7	6 420	150	6 420	151	6 440	151	7	112 100	6.4		
8	6 420	150	6 420	150	6 440	150	7	122 000	7.0		
9	6 420	150	6 420	150	6 440	150	7	110 300	6.3		

结论：

备注：

试验：　　　复核：　　　审核：

试验：　　　　　　　　日期：

无机结合料稳定材料配合比

样品名称	粗集料(10~30 mm 碎石)					样品产地				××石料厂		
主要仪器	标准砂石筛					样品规格				10~30 mm 碎石		
试验规程	JTG E42—2005(T 0320—2005)					试验环境				室温		
适用范围	路面基层					级配范围				水泥稳定土基层（高速公路、一级公路）		
干燥试样总质量(g)	第一组					第二组						
	3 000					3 000						
水洗后筛上总质量(g)	2 981					2 981				平均		
水洗后0.075 mm筛下质量(g)	19.0					17.0						
0.075 mm通过百分率(%)	0.6					0.6				0.6		

筛孔尺寸(mm)		筛上质量(g)	分计筛余百分率(%)	累计筛余百分率(%)	通过百分率(%)	筛上质量(g)	分计筛余百分率(%)	累计筛余百分率(%)	通过百分率(%)	平均通过百分率(%)	规定通过百分率(%)	
											最大	最小
水洗后干筛法筛分	31.5	0	0.0	0.0	100.0	0	0.0	0.0	100.0	100.0	100	100
	26.5	455	15.2	15.2	84.8	458	15.3	15.3	84.7	84.8	100	90
	19	2 427	80.9	96.1	3.9	2 422	80.7	96.0	4.0	4.0	89	72
	9.5	99	3.3	99.4	0.6	103	3.4	99.4	0.6	0.6	67	47
	底	0				0						
干筛后总质量(g)		2 981.0	99.4			2 983.0	99.4					
损耗(g)		0				0						
损耗率(%)		0				0						
扣除损耗后总质量(g)		3 000.0				3 000.0						

结论：

备注：

审核：　　　　　复核：　　　　　试验：　　　　　日期：

无机结合料稳定材料配合比

报告编号：××××—×××—×××　　粗集料及集料混合料的筛分试验记录　　

样品名称	粗集料(10~30 mm碎石)	样品产地	××石料厂
主要仪器	标准砂石筛	样品规格	10~30 mm碎石
试验规程	JTG E42—2005(T 0320—2005)	试验环境	室温
适用范围	路面基层	级配范围	水泥稳定土基层 (高速公路、一级公路)

	第一组	第二组	平均
干燥试样总质量(g)	2 000	2 000	
水洗后筛上总质量(g)	1 995	1 997	
水洗后0.075 mm筛下质量(g)	5.0	3.0	
0.075 mm通过百分率(%)	0.2	0.2	0.2

	筛孔尺寸(mm)	筛上质量(g)	分计筛余百分率(%)	累计筛余百分率(%)	通过百分率(%)	筛上质量(g)	分计筛余百分率(%)	累计筛余百分率(%)	通过百分率(%)	平均通过百分率(%)	规定通过百分率(%) 最大	规定通过百分率(%) 最小
水洗后干筛法筛分	19.0	17	0.8	0.8	99.2	16	0.8	0.8	99.2	99.2	89	72
	9.5	1 668	83.4	84.2	15.8	1 672	83.6	84.4	15.6	15.7	67	47
	4.75	273	13.6	97.9	2.1	275	13.8	98.2	1.8	2.0	49	29
	2.36	17	0.8	98.8	1.2	20	1.0	99.2	0.8	1.0	35	17
	0.6	20	1.0	99.8	0.2	14	0.7	99.8	0.2	0.2	22	8
	底	0				0						
干筛后总质量(g)		1 995.0	99.8			1 997.0	99.8					
损耗(g)		0				0						
损耗率(%)		0				0						
扣除损耗后总质量(g)		2 000.0				2 000.0						

结论：

备注：

审核：　　　复核：　　　试验：　　　日期：

无机结合料稳定材料配合比

样品名称	粗集料(10~30 mm 碎石)				样品产地				××石料厂		
主要仪器	标准砂石筛				样品规格				10~30 mm 碎石		
试验规程	JTG E42—2005(T 0320—2005)				试验环境				室温		
适用范围	路面基层				级配范围				水泥稳定土基层 (高速公路、一级公路)		
干燥试样 总质量(g)	第一组				第二组						
	2 000				2 000						
水洗后筛上 总质量(g)	1 995				1 997				平均		
水洗后0.075 mm 筛下质量(g)	5.0				3.0						
0.075 mm 通过 百分率(%)	0.2				0.2				0.2		

筛孔尺寸 (mm)		筛上质量 (g)	分计筛余百分率(%)	累计筛余百分率(%)	通过百分率(%)	筛上质量 (g)	分计筛余百分率(%)	累计筛余百分率(%)	通过百分率(%)	平均通过百分率(%)	规定通过百分率(%)	
											最大	最小
	19.0	17	0.8	0.8	99.2	16	0.8	0.8	99.2	99.2	89	72
	9.5	1 668	83.4	84.2	15.8	1 672	83.6	84.4	15.6	15.7	67	47
	4.75	273	13.6	97.9	2.1	275	13.8	98.2	1.8	2.0	49	29
水洗	2.36	17	0.8	98.8	1.2	20	1.0	99.2	0.8	1.0	35	17
后干	0.6	20	1.0	99.8	0.2	14	0.7	99.8	0.2	0.2	22	8
筛法	底	0				0						
筛分												
干筛后总质量(g)		1 995.0	99.8			1 997.0	99.8					
损耗(g)		0				0						
损耗率(%)		0				0						
扣除损耗后总 质量(g)		2 000.0				2 000.0						

结论：

备注：

审核：　　　　　复核：　　　　　试验：　　　　　日期：

无机结合料稳定材料配合比

样品名称		粗集料（5～10 mm 碎石）			样品产地			××石料厂			
主要仪器		标准砂石筛			样品规格			5～10 mm 碎石			
试验规程		JTG E42—2005（T 0320—2005）			试验环境			室温			
适用范围		路面基层			级配范围			水泥稳定土基层（高速公路、一级公路）			
干燥试样总质量(g)		第一组			第二组			平均			
		1 000			1 000						
水洗后筛上总质量(g)		982			987						
水洗后 0.075 mm 筛下质量(g)		18.0			13.0						
0.075 mm 通过百分率(%)		1.8			1.3			1.6			

筛孔尺寸（mm）		筛上质量（g）	分计筛余百分率（%）	累计筛余百分率（%）	通过百分率（%）	筛上质量（g）	分计筛余百分率（%）	累计筛余百分率（%）	通过百分率（%）	平均通过百分率（%）	规定通过百分率（%）最大	规定通过百分率（%）最小
	9.5	11	1.1	1.1	98.9	8	0.8	0.8	99.2	99.0	67	47
	4.75	767	76.7	77.8	22.2	774	77.4	78.2	21.8	22.0	49	29
	2.36	186	18.6	96.4	3.6	189	18.9	97.1	2.9	3.2	35	18
水洗后干筛法筛分	0.6	15	1.5	97.9	2.1	13	1.3	98.4	1.6	1.8	22	8
	底	3				3						
干筛后总质量(g)		982.0	97.9			987.0	98.4					
损耗(g)		0				0						
损耗率(%)		0				0						
扣除损耗后总质量(g)		1 000.0				1 000.0						

结论：

备注：

审核：　　　　　　复核：　　　　　　试验：　　　　　　日期：

无机结合料稳定材料配合比

样品名称	粗集料(石粉)	样品产地	××石料厂
主要仪器	标准砂石筛	样品规格	石粉
试验规程	JTG E42—2005(T 0320—2005)	试验环境	室温
适用范围	路面基层	级配范围	水泥稳定土基层（高速公路、一级公路）

干燥试样总质量(g)	第一组	第二组	
	500	500	平均
水洗后筛上总质量(g)	452	449	
水洗后 0.075 mm 筛下质量(g)	48.0	51.0	
0.075 mm 通过百分率(%)	9.6	10.2	9.9

筛孔尺寸（mm）	筛上质量（g）	分计筛余百分率（%）	累计筛余百分率（%）	通过百分率（%）	筛上质量（g）	分计筛余百分率（%）	累计筛余百分率（%）	通过百分率（%）	平均通过百分率（%）	规定通过百分率（%）最大	规定通过百分率（%）最小
4.75	0	0.0	0.0	100.0	0	0.0	0.0	100.0	100.0	49	29
2.36	94	18.8	18.8	81.2	97	19.4	19.4	80.6	80.9	35	17
0.6	228	45.6	64.4	35.6	225	45.0	64.4	35.6	35.6	22	8
0.075	130	26.0	90.4	9.6	127	25.4	89.8	10.2	9.9	7	0
底	0				0						

（左侧纵栏：水洗后干筛法筛分）

干筛后总质量(g)	452.0	90.4			449.0	89.9					
损耗(g)	0				0						
损耗率(%)	0				0						
扣除损耗后总质量(g)	500.0				500.0						

结论：

备注：

审核：　　　　　复核：　　　　　试验：　　　　　日期：

无机结合料稳定材料配合比

样品名称	水泥稳定碎石	样品编号	SN43、SS73、SS74、SS75、SH35
样品规格	5% 水泥	试验规程	JTG E51—2009
试验环境	室温	主要依据	化学试剂、电子天平、滴定台架等
结构层类型	基层	集料类型	碎石
混合料含水率(%)	5.2	结合料设计用量(%)	5

试验次数	试样质量（%）	结合料剂量（%）	EDTA 耗量(mL)	
			测定值	平均值
1	1 000	3		
	1 000			
2	1 000	4		
	1 000			
3	1 000	5		
	1 000			
4	1 000	6		
	1 000			
5	1 000	7		
	1 000			
6				
7				
8				

结论：

备注：

审核：　　　　　　复核：　　　　　　试验：　　　　　　日期：

无机结合料稳定材料配合比

报告编号：×××－××××－×××

无机结合料稳定土无侧限抗压强度试验记录

样品名称	无机结合料稳定材料（水稳碎石基层）		样品产地		主要仪器	600 kN 万能材料试验机等
样品规格	水泥32.5，碎石10~30 mm，10~20 mm，5~10 mm		试验规程	JTG E51—2009	试验环境	室温
			水泥32.5：	碎石：	石粉：	
混合料名称	无机结合料稳定材料（水稳碎石基层）		桩号：	设计强度 4.0 MPa	试件尺寸	φ150 mm×150 mm
混合料比例	水泥:矿粉混合料＝5:100				成型压实度(%)	98
最大干密度(g/cm³)	2.35	材料名称及规格	10~30 mm	10~20 mm	5~10 mm	矿粉
成型时含水率(%)	5.2	产地			成型日期	2012-09-07
					试压日期	2012-09-14

编号	成型后测定 试件质量(g)	试件高度(mm)	饱水前测定 试件质量(g)	试件高度(mm)	饱水后测定 试件质量(g)	试件高度(mm)	龄期(d)	破坏荷载(N)	抗压强度(MPa)	平均值(MPa)	备注
1	6 420	150	6 415	150	6 445	150	7	120 000	6.8	7.0	最大值:7.5 MPa 最小值:6.3 MPa 标准差:0.44 MPa 偏差系数:6.3 Rco.95:6.28
2	6 420	150	6 420	150	6 440	151	7	131 000	7.5		
3	6 420	150	6 410	150	6 450	151	7	131 000	7.5		
4	6 420	150	6 420	150	6 440	150	7	123 000	7.0		
5	6 420	150	6 415	150	6 440	151	7	121 000	6.9		
6	6 420	150	6 420	150	6 445	150	7	130 000	7.4		
7	6 420	150	6 420	150	6 440	151	7	112 100	6.4		
8	6 420	150	6 420	150	6 440	150	7	122 000	7.0		
9	6 420	150	6 420	150	6 440	150	7	110 300	6.3		

结论：

备注：

试验： 复核： 审核： 日期：

试验： 复核： 审核： 日期：

无机结合料稳定材料配合比

样品名称	无机结合料稳定材料 （水稳碎石基层）	样品名称	水泥 P·C32.5， 碎石、石粉		DJY-Ⅲ多功能电动击 实仪、电子秤	
样品规格	10~30 mm、10~20 mm、 5~10 mm 石粉	试验规程	JTG E51—2009 （T 0804—1994）		试验环境	室温
混合料比例	5:20:25:15:40	材料名称 规格	10~30 mm	10~20 mm	5~10 mm	石粉
筒容积 （cm³）	2 177	产地				
锤击次数	丙类 3 层	每层锤击 次数	98/层	>5 mm 颗粒含量	%	
	试验次数	1	2	3	4	5
干密度	筒+湿样质量(g)	12 620	12 815	12 965	12 965	12 945
	筒质量(g)	7 610	7 610	7 610	7 610	7 610
	湿密度(g/cm³)	2.30	2.39	2.46	2.46	2.45
	干密度(g/cm³)	2.23	2.30	2.34	2.32	2.30
含水率	盒号	1	2	3	4	5
	盒+湿样质量(g)	5 915	6 050	6 155	6 080	6 220
	盒+干样质量(g)	5 770	5 865	5 900	5 780	5 890
	盒质量(g)	935	945	950	935	935
	含水率(%)	3.0	3.8	5.2	6.2	6.7

结论：　　　　　　　　　　　　　　备注：

审核：　　　　　　复核：　　　　　　试验：　　　　　　日期：

第三章　沥青混合料配合比设计

第一节　普通沥青混合料配合比设计

- **技术标准**:《公路沥青路面设计规范》(JTG D50—2006)

  《公路沥青路面施工技术规范》(JTG F40—2004)
- **检测依据**:《公路工程沥青及沥青混合料试验规程》(JTG E20—2011)

  《公路工程集料试验规程》(JTG E42—2005)

一、沥青混合料配合比设计基本要求

(1)满足施工和易性要求。

沥青混合料应具备良好的施工和易性,以便在拌和、摊铺及碾压过程中使集料颗粒保持均匀分布,并能被压实到规定的密度,这是保证沥青路面使用品质的必要条件。

(2)满足高温稳定性要求。

高温稳定性是指沥青混合料在高温条件下,能够抵抗车辆荷载的反复作用,不发生显著永久变形,保证路面平整度的特性。在交通量大、重车多和慢速路段的沥青路面上,车辙是最严重、最具危害的破坏形式之一。

(3)满足低温抗裂性要求。

沥青混合料不仅应具备高温稳定性,同时还要具有低温抗裂性,以保证路面在冬季低温时不产生裂缝。

(4)满足耐久性要求。

耐久性是指沥青混合料在使用过程中抵抗环境因素及行车荷载反复作用的能力,包括沥青混合料的抗老化性能、水稳定性能等。

(5)满足抗滑性要求。

沥青路面的抗滑性对于保障道路交通安全至关重要。抗滑性能必须通过合理地选择沥青混合料组成材料、正确地设计与施工来保证。

(6)满足抗疲劳性能要求。

沥青混合料的疲劳是材料在荷载重复作用下产生不可恢复的强度衰减积累所引起的一种现象。荷载的重复作用次数越多,强度的降低就越剧烈,沥青混合料所能承受的应力或应变值就越小。

二、试验前准备

(一)集料四分法取样

(略)

(二)沥青取样

进行沥青性质常规检验取样数量为:黏稠或固体沥青不少于 4.0 kg,液体沥青不少于 1 L,沥青乳液不少于 4 L。

1. 从贮罐中取样

(1)无搅拌设备的贮罐。

①液体沥青或经加热已经变成流体的黏稠沥青取样时,应先关闭进油阀和出油阀,然后取样。

②用取样器按液面上、中、下位置(液面高各为 1/3 等分处,但距罐底不得低于总液面高度的 1/6)各取规定数量样品。每层取样后,取样器尽可能倒净。当贮罐过深时,亦可在流出口按不同流出深度分 3 次取样。对静态存取的沥青,不得仅从罐顶用小桶取样,也不能仅从罐底阀门流出的沥青取样。

③将取出的 3 个样品充分混合后取规定数量样品作为试样。

(2)有搅拌设备的贮罐。

液体沥青或经加热已经变成流体的黏稠沥青充分搅拌后,用取样器从沥青层的中部取规定数量试样。

2. 从槽车、罐车、沥青洒布车取样

(1)设有取样阀时,可旋开取样阀,待流出至少 4 L 或 4 kg 后再取样。

(2)仅有放料阀时,宜放出全部沥青的一半再取样。

(3)从顶盖处取样,可用取样器从中部取样。

3. 在装料或卸料过程中取样

在装料或卸料过程中取样时,要按时间间隔均匀地取至少 3 个规定数量样品,然后将这些样品充分混合后取规定数量样品作为试样,样品也可分别进行检验。

4. 从沥青贮存池中取样

沥青贮存池中的沥青应待加热熔化后经管道或沥青泵流至沥青加热锅之后取样。每锅至少取 3 个样品,然后将这些样品充分混匀后再取规定数量作为试样,样品也可分别进行检验。

5. 从沥青运输船取样

沥青运输船到港后,应分别从每个沥青仓取样,每个仓从不同的部位取 3 个样品,混合在一起,作为一个仓的沥青样品供检验用。在卸油过程中取样时,应根据卸油量,大体均匀地间隔 3 次从卸油口或管道途中的取样口取样,然后混合作为一个样品供检验用。

6. 从沥青桶中取样

(1)当能确认是同一批生产的产品时,可随机取样。如不能确认是同一批生产的产品,应根据桶数按照表3-1 的规定或按总桶数的立方根随机选取沥青桶数作为试样。

(2)将沥青桶加热使桶中沥青全部熔化成流体后,按罐车取样方法取样。每个样品数量,以充分混合后能满足供检验用样品的规定数量要求为限。

(3)若沥青桶不便加热熔化沥青,亦可在桶的中部将桶凿开取样,但样品应在距桶壁 5 cm 以上的内部凿取,并采取措施防止样品散落地面沾上尘土。

7. 固体沥青取样

从桶、袋、箱装或散装整块中取样,应在表面以下及容器侧面以内至少 5 cm 处采取。如沥青能够打碎,可用一个干净的工具将沥青打碎后取中间部分的试样;若沥青是软塑性的,则用一个干净的热工具切割取样。

表 3-1　选取沥青样品桶数

沥青桶总数	选用桶数	沥青桶总数	选用桶数
2 ~ 8	2	217 ~ 343	7
9 ~ 27	3	344 ~ 512	8
28 ~ 64	4	513 ~ 729	9
65 ~ 125	5	730 ~ 1 000	10
126 ~ 216	6	1 001 ~ 1 331	11

(三)沥青混合料的取样

1. 取样数量

(1)试样数量根据试验目的决定,宜不少于试验用量的 2 倍。按现行规范规定进行沥青混合料试验的每组代表性取样数量如表 3-2 所示。

平行试验应加倍取样。在现场取样直接装入试模或盛样盒成型时,也可等量取样。

表 3-2　常用沥青混合料试验项目的样品数量

试验项目	目的	最少试样量(kg)	取样量(kg)
马歇尔试验、抽提筛分	施工质量检验	12	20
车辙试验	高温稳定性检验	40	60
浸水马歇尔试验	水稳定性检验	12	20
冻融劈裂试验	水稳定性检验	12	20
弯曲试验	低温稳定性	15	25

(2)根据沥青混合料集料公称最大粒径,取样应不小于下列数量:

细粒式沥青混合料,不小于 4 kg;

中粒式沥青混合料,不小于 8 kg;

粗粒式沥青混合料,不小于 12 kg;

特粗式沥青混合料,不小于 16 kg。

(3)取样材料用于仲裁试验时,取样数量除应满足本取样方法规定外,还应保留一份有代表性试样,直到仲裁结束。

2. 取样方法

沥青混合料取样应是随机的,并具有充分的代表性。以检查拌和质量(如油石比、矿料级配)为目的时,应从拌和机一次放料的下方或提升斗中取样,不得多次取样混合后使用。以评定混合料质量为目的时,必须分几次取样,拌和均匀后作为代表性试样。

(1)在沥青混合料拌和厂取样。

在拌和厂取样时,宜用专用的容器(一次可装 5 ~ 8 kg)装在拌和机卸料斗下方,每放一次料取一次样,顺次装入试样容器中,每次倒在清扫干净的地板上,连续几次取样,混合均匀,按四分法取样至足够数量。

(2)在沥青混合料运料车上取样。

在运料汽车上取沥青混合料样品时,宜在汽车装料一半后,分别用铁锹从不同方向的 3 个不同高度处取样,然后混在一起用手铲拌和均匀,取出规定数量。运料车到达施工现场后取样时,应在卸掉一半后将车开出去从不同方向的 3 个不同高度处取样,宜从 3 辆不同的车上取样混合后使用。

(3)在道路施工现场取样。

在道路施工现场取样时,应在摊铺后未碾压前于摊铺宽度的两侧 1/2～1/3 位置处取样,用铁锹将摊铺层的全厚铲出,但不得将摊铺层下的其他层料铲入。每摊铺一车料取一次样,连续 3 车取样后,混合均匀按四分法取样至足够数量。对现场制件的细粒式沥青混合料,也可在摊铺机经螺旋拔料杆拌匀的一端一边前进一边取样。

(4)对热拌沥青混合料每次取样时,都必须用温度计测量温度,精确到 1 ℃。

(5)乳化沥青常温混合料试样的取样方法与热拌沥青混合料相同,但宜在乳化沥青破乳水分蒸发后装袋,对袋装常温沥青混合料亦可直接从贮存的混合料中随机取样。取样袋数不少于 3 袋,使用时将 3 袋混合料倒出作适当拌和,按四分法取出规定数量试样。

(6)液体沥青常温混合料的取样方法同上,当用汽油稀释时,必须在溶剂挥发后方可封袋保存。当用煤油或柴油稀释时,可在取样后即装袋保存,保存时应特别注意防火。其余与热拌沥青混合料相同。

(7)从碾压成型的路面上取样时,应随机选取 3 个以上不同地点,钻孔、切割或刨取混合料至全厚度,仔细清除杂物及不属于这一层的混合料,需重新制作试件时,应加热拌匀后按四分法取样至足够数量。

三、沥青混合料配合比设计步骤

(一)原材料要求

1. 沥青

1)沥青标号选择

沥青路面所用沥青标号应根据气候条件和沥青混合料类型、道路等级、交通性质、路面类型等因素经技术论证后确定。表 3-3 为考虑气候因素时沥青标号的选择。

表 3-3   道路石油沥青标号及适用范围

气候分类	沥青标号	
	沥青碎石	沥青混凝土
寒区	90 号、110 号、130 号	90 号、100 号、130 号
温区	90 号、110 号	70 号、90 号
热区	50 号、70 号、90 号	50 号、70 号
沥青等级	适用范围	
A 级沥青	各个等级的公路适用于任何场合和城市	
B 级沥青	1.高速公路、一级公路沥青下面层及以下的层次,二级及二级以下公路的各个层次; 2.用作改性沥青、乳化沥青、改性乳化沥青、稀释沥青的基质沥青	
C 级沥青	三级及三级以下公路的各个层次	

2）沥青质量检测

沥青各项指标均符合规范要求，满足招标合同的需要，方可用于工程项目。

沥青检测项目有：针入度，延度，软化点，溶解度，闪点，密度，蜡含量，黏度，TFOT。

2. 矿料选择

1）粗集料

沥青混合料用粗集料，可以采用碎石、破碎砾石和矿渣等，且应该是洁净、干燥、无风化、不含杂质。

粗集料的检测项目有：石料压碎值，洛杉矶磨耗损失，表观相对密度，吸水率，坚固性，针、片状颗粒含量，水洗法 <0.075 mm 颗粒含量，软石含量。

沥青混合料用粗集料规格及对应的公称粒径如下：公称粒径（mm）40～75（S1）、公称粒径（mm）40～60（S2）、公称粒径（mm）30～60（S3）、公称粒径（mm）25～50（S4）、公称粒径（mm）20～40（S5）、公称粒径（mm）15～30（S6）、公称粒径（mm）10～30（S7）、公称粒径（mm）10～25（S8）、公称粒径（mm）10～20（S9）、公称粒径（mm）10～15（S10）、公称粒径（mm）5～15（S11）、公称粒径（mm）5～10（S12）、公称粒径（mm）3～10（S13）、公称粒径（mm）3～5（S14）满足相应规格的通过百分率要求。

2）细集料

用于拌制沥青混合料的细集料，可以采用天然砂、机制砂或石屑，其质量应符合表 3-4 和表 3-5 的要求。

表 3-4　沥青混合料用天然砂规格

分类	通过各筛孔（mm）的质量百分率（%）								细度模数 M_x
	9.5	4.75	2.36	1.18	0.6	0.3	0.15	0.075	
粗砂	100	90～100	65～95	35～65	15～30	5～20	0～10	0～5	3.7～3.1
中砂	100	90～100	75～90	50～90	30～60	8～30	0～10	0～5	3.0～2.3
细砂	100	90～100	85～100	75～100	60～84	15～45	0～10	0～5	2.2～1.6

表 3-5　沥青混合料用机制砂或石屑规格

规格	公称粒径（mm）	通过下筛孔（方孔筛）（mm）的质量百分率（%）							
		9.5	4.75	2.36	1.18	0.6	0.3	0.15	0.075
S15	0～5	100	90～100	60～90	40～75	20～55	7～40	2～20	0～10
S16	0～3	—	100	80～100	50～80	25～60	8～45	0～25	0～15

3）矿粉

沥青混合料的矿粉必须采用石灰岩或岩浆岩强基性岩石等憎水性石料经磨细得到的矿粉，原石料中的泥土杂质应除净。矿粉应干燥、洁净，能自由地从矿粉仓流出，沥青混合料用矿粉质量技术要求的主要检测项目有表观密度、含水率、粒度范围、外观、亲水系数、塑性指数、加热稳定性。

(二)目标配合比

目标配合比设计流程见图3-1。

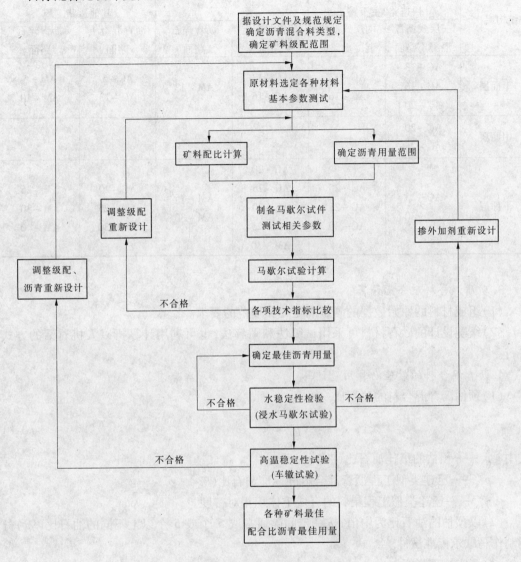

图3-1　目标配合比设计流程

(三)矿质混合料配合比设计

1. 确定沥青混合料的类型

沥青混合料的类型,根据道路等级、路面类型及所处的结构层位,参照《公路沥青路面设计规范》(JTG D50—2006)选定,或据工程设计文件确定其类型,见表3-6。

2. 矿质混合料的级配范围

矿质混合料的级配范围根据 JTG D50—2006 确定。

表 3-6　沥青混合料类型选择

结构层次	高速公路、一级公路城市快速路、主干路		其他等级公路		一般城市道路及其他道路工程	
	三层式沥青混凝土路面	两层式沥青混凝土路面	沥青混凝土路面	沥青碎石路面	沥青混凝土路面	沥青碎石路面
上面层	AC－13 AC－16 AC－20	AC－13 AC－16	AC－13 AC－16	AM－13	AC－5 AC－13	AM－5 AM－10
中面层	AC－20 AC－25	—	—	—	—	—
下面层	AC－25 AC－30	AC－20 AC－25 AC－30	AC－20 AC－25 AC－30 AM－25 AM－30	AM－25 AM－30	AC－20 AM－25 AM－30	AM－25 AM－30 AM－40

3. 矿质混合料配合比计算

(1)组成材料的原始数据的测定满足相关规范的要求。

(2)级配设计的砂石材料可采用试算法和图解法,也可利用计算机以人机对话的方式进行。

4. 沥青混合料的最佳沥青用量计算

(1)预估沥青混合料的油石比

$$p_a = \frac{p_{a1} \gamma_{sb1}}{A} \qquad (3-1)$$

式中　p_a——预估的最佳油石比(%);

p_{a1}——已建类似工程沥青混合料的标准油石比(%);

γ_{sb1}——已建类似工程集料的合成毛体积相对密度。

(2)以预估的油石比为中值,按一定间隔通常取 5 个或 5 个以上不同的油石比(%)分别制作马歇尔标准试件。

(3)测定物理指标。

毛体积密度 γ_f、空隙率 VV、矿料间隙率 VMA、有效沥青饱和度 VFA

$$VV = \left(1 - \frac{\gamma_f}{\gamma_t}\right) \times 100\% \qquad (3-2)$$

$$VMA = \left(1 - \frac{\gamma_f}{\gamma_{sb}} \times p_s\right) \times 100\% \qquad (3-3)$$

$$VFA = \frac{VMA - VV}{VMA} \times 100\% \qquad (3-4)$$

式中　VV——试件的空隙率(%);

VMA——试件的矿料间隙率(%);

VFA——试件的有效沥青饱和度(有效沥青含量占 VMA 的体积比例)(%);

γ_f——试件的毛体积相对密度，无量纲；

γ_t——沥青混合料的最大理论相对密度，无量纲；

p_s——各种矿料占沥青混合料总质量的百分率之和（%），即 $p_s = 100 - p_b$；

γ_{sb}——矿质混合料的合成毛体积密度。

（4）进行马歇尔试验测定马歇尔稳定度 MS、流值 FL。

（5）绘制沥青用量与物理学指标关系图。

以油石比为横坐标，以毛体积密度、空隙率、饱和度、矿料间隙率、稳定度为纵坐标绘图，如图 3-2 所示。

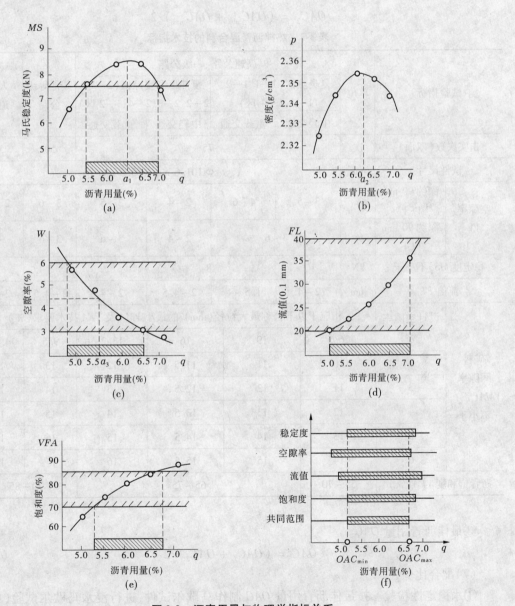

图 3-2　沥青用量与物理学指标关系

（6）确定最佳沥青用量。

①初始值 OAC_1。

$$OAC_1 = (a_1 + a_2 + a_3)/3 \qquad (3\text{-}5)$$

式中　a_1——马歇尔稳定度最大值；

　　　a_2——毛体积密度最大值；

　　　a_3——设计要求空隙率范围中值对应沥青用量。

②中值 OAC_2。

以各项指标均符合沥青混合料技术标准(不含 VMA)(见表3-7)的沥青用量范围 OAC_{min} 与 OAC_{max} 的中值为 OAC_2。

$$OAC_2 = (OAC_{min} + OAC_{max})/2 \qquad (3\text{-}6)$$

表 3-7　热拌沥青混合料的技术指标

试验指标		单位	高速公路、一级公路				其他等级公路	人行道路
			夏炎热区(1—1、1—2、1—3、1—4 区)		夏热区和夏凉区(2—1、2—2、2—3、2—4、3—2 区)			
			中轻交通	重载交通	中轻交通	重载交通		
击实次数(双面)		次	75				50	50
试件尺寸		mm	ϕ 101.6 mm ×63.5 mm					
空隙率 VV	深约 90 mm 以上	%	3~5	4~6	2~4	3~5	3~6	2~4
	深约 90 mm 以下	%	3~6		2~4	3~6	3~6	—
稳定度 MS,不小于		kN	8				5	3
流值 FL		mm	2~4	1.5~4	2~4.5	2~4	2~4.5	2~5
矿料间隙率 $VMA(\%)$,不小于	设计空隙率(%)	相应于以下公称最大粒径(mm)的最小 VMA 及 VFA 技术要求(%)						
		26.5	19	16	13.2	9.5	4.75
	2	10	11	11.5	12	13	15
	3	11	12	12.5	13	14	16
	4	12	13	13.5	14	15	17
	5	13	14	14.5	15	16	18
	6	14	15	15.5	16	17	19
沥青饱和度 $VFA(\%)$		55~70		65~75		70~85	

③最佳沥青用量 OAC。

$$OAC = (OAC_1 + OAC_2)/2 \qquad (3\text{-}7)$$

(7)配合比验证。

①水稳定性检验。按最佳沥青用量 OAC 制作马歇尔试件,进行浸水马歇尔试验(或真空饱水马歇尔试验)检验其残留稳定度是否合格。

②残留稳定度试验。标准试件在规定温度下浸水 48 h(或经真空饱水后,再浸水 48

h），测定其浸水残留稳定度，按式（3-8）计算。

$$MS_0 = \frac{MS_1}{MS} \times 100\% \qquad\qquad (3\text{-}8)$$

式中　MS——试件浸水（或真空饱水）残留稳定度（%）；

　　　MS_1——试件浸水48 h（或真空饱水后浸水48 h）后的稳定度，kN。

水稳定性的校验应符合表3-8的技术要求。

表3-8　沥青混合料水稳定性检验技术要求

气候条件与技术指标		相应与下列气候分区的技术要求（%）				试验方法
年降水量（mm）及气候分区		> 1 000	500 ~ 1 000	250 ~ 500	< 250	试验方法
		1. 潮湿区	2. 湿润区	3. 半干区	4. 干旱区	
浸水马歇尔试验残留稳定度（%），不小于						
普通沥青混合料		80		75		
改性沥青混合料		85		80		T0709
SMA混合料	普通沥青	75				
	改性沥青	80				
冻融劈裂试验的残留强度比（%），不小于						
普通沥青混合料		75		70		
改性沥青混合料		80		75		T0729
SMA混合料	普通沥青	75				
	改性沥青	80				

③车辙试验应符合表3-9的技术要求。

表3-9　沥青混合料车辙试验技术要求

气候条件与技术指标		相应与下列气候分区所要求的动稳定度（次/mm）									试验方法
七月平均最高气温（℃）及气候分区		> 30				20 ~ 30				< 20	试验方法
		1. 夏炎热区				2. 夏热区				3. 夏凉区	
		1—1	1—2	1—3	1—4	2—1	2—2	2—3	2—4	3—2	
普通沥青混合料，不小于		800		1 000		600		800		600	
改性沥青混合料，不小于		2 400		2 800		2 000		2 400		1 800	
SMA混合料	非改性，不小于	1 500									T0719
	改性，不小于	3 000									
OGFC混合料		1 500（一般交通路段）、3 000（重交通路段）									

（四）生产配合比设计阶段

本阶段利用实际施工的拌和机械进行施工配合比设计，其方法与第一阶段目标配合比设计方法相同,最佳沥青用量与目标配合比最佳沥青用量相差符合规定时,取两者平均值;否则重新配比。

生产配合比设计流程见图3-3。

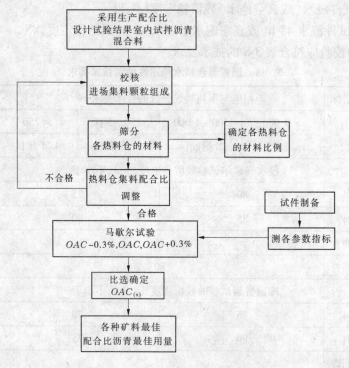

图3-3　生产配合比设计流程

(五)生产配合比验证阶段

此阶段即试拌试铺阶段。

(1)生产拌和制件,进行马歇尔试验检验是否符合规范要求。

(2)进行车辙试验及浸水马歇尔试验,进行高温稳定性和水稳定性验证。

生产配合比验证阶段流程见图3-4。

四、例题

(一)示例1　AC–13型改性沥青混合料目标配合比设计

检测依据:《公路工程沥青及沥青混合料试验规程》(JTG E20—2011),《公路工程集料试验规程》(JTG E42—2005),某高速公路设计图纸。

主要检测设备:自动针入度仪、沥青延伸度测定仪、沥青软化点仪、2 000 kN压力机、洛杉矶磨耗仪、全自动马歇尔试验仪、浸水天平等。

1.沥青

SBS改性沥青为×××牌70号道路石油沥青和添加5% ××牌4303 SBS改性剂生产而成,基质沥青及改性沥青的试验结果见表3-10、表3-11。

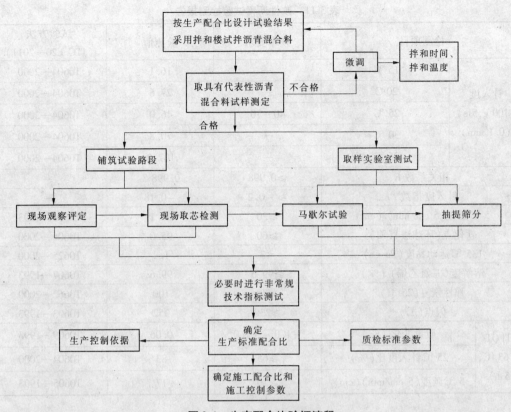

图 3-4 生产配合比验证流程

表 3-10 沥青试验检测报告

检测项目		70 号 A 级技术要求	检测值	试验方法 （JTG E20—2011）
针入度 (100 g,5 s) (0.1 mm)	15 ℃	—	19.2	T0604—2000
	20 ℃	—	30.9	T0604—2000
	25 ℃	60 ~ 80	61.4	T0604—2000
	30 ℃	—	105.4	T0604—2000
	35 ℃	—	187.7	T0604—2000
相关系数 R		≥0.997	0.999 2	—
针入度指数 PI		—	− 1.46	—
10 ℃延度(5 cm/min)(cm)		—	82.0	T0605—1993
15 ℃延度(5 cm/min)(cm)		≥100	> 150	T0605—1993
60 ℃动力黏度(Pa · s)		≥160	208	T0620—2000
软化点(环球法)(℃)		≥45	48.0	T0606—2000
蜡含量(蒸馏法)(%)		≤2.2	1.2	T0615—2000
闪点（COC)(℃)		≥260	343	T0611—1993
溶解度(三氯乙烯)(%)		≥99.5	99.8	T0607—1993
密度(15 ℃)(g/cm³)		—	1.044	T0603—1993
TFOT (163 ℃, 5 h)	质量变化(%)	− 0.8 ~ + 0.8	0.08	T0609—1993
	25 ℃残留针入度比(%)	≥61	68	T0604—2000
	10 ℃残留延度(5 cm/min)(cm)	≥6	9	T0605—1993

表 3-11　改性沥青试验检测报告

检测项目		技术要求	检测值	试验方法 （JTG E20—2011）
针入度 （100 g,5 s） （0.1 mm）	15 ℃	—	16.1	T0604—2000
	20℃	—	27.6	T0604—2000
	25 ℃	40 ~ 70	46.0	T0604—2000
	30 ℃	—	70.8	T0604—2000
	35 ℃	—	107.2	T0604—2000
相关系数 R		≥0.998	0.998 3	—
针入度指数 PI		≥ − 0.2	− 0.18	—
5 ℃延度（5 cm/min）（cm）		≥20	23.1	T0605—1993
软化点（环球法）（℃）		≥60	95.0	T0606—2000
135 ℃运动黏度（Pa·s）		≤3	1.4	T0625—2000
溶解度（三氯乙烯）（%）		≥99.5	99.6	T0607—1993
弹性恢复（25 ℃）		≥80	100	T0662—2000
闪点（℃）		≥230	352	T0603—1993
TFOT （163 ℃, 5 h）	质量变化（%）	− 1.0 ~ + 1.0	0.06	T0609—1993
	25 ℃针入度比（%）	≥65	83	T0604—2000
	5 ℃延度（5 cm/min）（cm）	≥20	17	T0605—1993

2. 集料

粗集料采用某石料厂产 10 ~ 15 mm、5 ~ 10 mm、3 ~ 5 mm 石灰岩碎石,细集料采用某石料厂产 0 ~ 5 mm 石灰岩石屑,矿粉选用某矿粉厂石灰岩磨细矿粉。试验结果见表 3-12 ~ 表 3-15。

表 3-12　集料筛分试验结果

筛孔尺寸 （mm）	通过质量百分率（%）				
	碎石（mm）			石屑 0 ~ 3 mm	矿粉
	10 ~ 15	5 ~ 10	3 ~ 5		
16.0	100.0	100.0	100.0	100.0	100.0
13.2	85.8	100.0	100.0	100.0	100.0
9.5	6.2	93.4	100.0	100.0	100.0
4.75	0.3	14.6	91.2	99.8	100.0
2.36	0.3	3.9	10.5	78.4	100.0
1.18	0.3	2.1	4.8	46.5	100.0
0.6	0.3	0.7	2.6	30.2	100.0
0.3	0.3	0.3	2.4	16.5	99.3
0.15	0.3	0.3	1.8	16.8	98.3
0.075	0.3	0.3	1.1	6.7	77.9

表 3-13　粗集料物理性能结果

检验项目		项目要求	检验值			试验方法 (JTG E20—2011)
			10 ~ 5 mm	5 ~ 10 mm	3 ~ 5 mm	
表观相对密度		≥2.60	2.854	2.854	2.845	T0304
毛体积相对密度		—	2.793	2.819	2.790	T0304
吸水率(%)		≤2.0	0.54	0.72	0.77	T0304
针、片状颗粒含量(%)	混合料	≤15	5.0			T0312
	>9.5 mm	≤12	4.9	—	—	T0312
	<9.5 mm	≤18	—	5.9	4.5	T0312
<0.075 mm 颗粒含量(%)		≤1	0.3	0.3	1.1	T0310
坚固性(%)		≤12	2			T0314
压碎值(%)		≤25	18.7			T0316
洛杉矶磨耗损失(%)		≤27	20.6			T0317
软石含量(%)		≤1	0.9			T0320
与90号石油沥青的黏附性(级)		≥4	4			T0616

表 3-14　细集料物理性能结果

检验项目	项目要求	检验值	试验方法 (JTG E20—2011)
		0 ~ 3 mm 石屑	
表观相对密度	≥2.50	2.735	T0330
毛体积相对密度	—	2.671	T0330
砂当量(%)	≥60	68.0	T0334
坚固性 (>0.3 mm 部分)(%)	≤12	2	T0340
棱角性(流动时间)(s)	≥30	31.8	T0345

表 3-15　矿粉物理性能结果

检验项目	项目要求	检验值	试验方法(JTG E20—2011)
表观密度(g/cm³)	≥2.50	2.678	T0352
含水量(%)	≤1	干燥	T0103 烘干法
外观	无团粒结块	无团粒结块	—
亲水系数	<1	0.7	T0353
塑性指数	<4	3.9	T0354
加热安定性	实测记录	无明显变化	T0355

3. 矿料配合比设计

根据筛分结果及设计图纸级配的要求,运用人机对话的设计方法,计算 AC - 13 型沥青混合料的矿料配合比,计算结果见图3-5。

筛孔尺寸(mm)	通过质量百分率(%)					合成级配(%)	设计图纸级配范围(%)
	碎石			0 ~ 3 mm 石屑	矿粉		
	10 ~ 15 mm	5 ~ 10 mm	3 ~ 5 mm				
16	100.0	100.0	100.0	100.0	100.0	100.0	100.0
13.2	85.8	100.0	100.0	100.0	100.0	96.4	90 ~ 100
9.5	6.2	93.4	100.0	100.0	100.0	75.0	65 ~ 82
4.75	0.3	14.6	91.2	99.8	100.0	53.8	45 ~ 60
2.36	0.3	3.9	10.5	78.4	100.0	36.4	30 ~ 44
1.18	0.3	2.1	4.8	46.5	100.0	23.1	20 ~ 32
0.6	0.3	0.7	2.6	30.2	100.0	16.2	11 ~ 20
0.3	0.3	0.3	2.4	16.5	99.3	10.8	10 ~ 18
0.15	0.3	0.3	1.8	11.3	98.3	8.6	6 ~ 13
0.075	0.3	0.3	1.1	6.7	77.9	6.0	4 ~ 8
配合比例(%)	25	24	8	39	4	100	

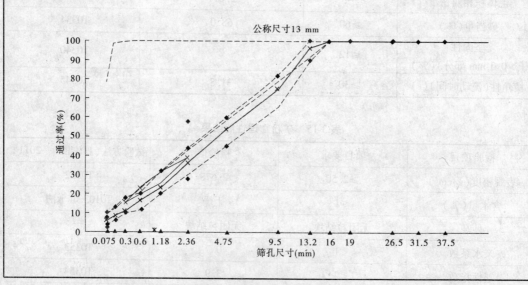

图3-5 矿料级配曲线设计图

图 3-5 中 0~3 mm 石屑样品的 0.075 mm 通过率 12.9%,不满足设计图纸的要求,同时混合料合成级配也不能满足矿料级配范围要求。本配合比采用将 0~3 mm 石屑考虑 50% 除尘,以满足矿料级配范围要求进行配合比设计。

4. 马歇尔试验

按照矿料配合比设计的矿料级配,AC-13 型改性沥青混合料油石比在 4.0%~6.0% 范围内,预估油石比为 5.0%,以 0.5% 间隔或 0.3% 间隔成型马歇尔试件,测定马歇尔试件的毛体积密度和吸水率,并进行马歇尔试验,测定马歇尔试件的稳定度及流值。马歇尔试件的空隙率、矿料间隙率、沥青饱和度等体积指标试验结果见表 3-16。

表 3-16　沥青混合料马歇尔试验结果

试件组号	油石比（%）	试件密度（g/cm³）	理论密度（g/cm³）	矿料间隙率（%）	空隙率（%）	沥青饱和度（%）	稳定度（kN）	流值（mm）	试件尺寸（mm）	
									直径	高度
1	4.6	2.454	2.587	14.9	5.1	65.6	21.1	2.0	101.6	63.5
2	4.9	2.470	2.576	14.6	4.1	71.9	22.8	2.3	101.6	64.2
3	5.2	2.468	2.564	14.9	3.8	74.8	23.3	3.3	101.6	63.6
4	5.5	2.460	2.553	15.7	3.7	76.7	20.4	3.8	101.6	63.3
5	5.8	2.452	2.542	16.2	3.6	78.1	16.8	4.1	101.6	63.5
设计图纸技术要求	—	—	—	≥14.5	3~5	65~75	≥8.0	2~5	—	—

5. 确定最佳沥青用量

以油石比为横坐标,以马歇尔试验的各项指标为纵坐标,绘制油石比与混合料各项指标曲线图,如图 3-6 所示。

根据油石比与混合料各项指标的曲线图,可得毛体积密度最大值对应的油石比 a_1 = 5.1%,稳定度最大值对应的油石比为 a_2 = 5.0%,空隙率中值对应的油石比 a_3 = 4.8%,沥青饱和度范围中值对应的油石比 a_4 = 4.8%,计算得

$$OAC_1 = (a_1 + a_2 + a_3 + a_4)/4 = 4.925\%$$

以各项指标均符合技术标准的沥青用量范围的中值为 OAC_2, OAC_{min} = 4.65%., OAC_{max} = 5.20%,计算得

$$OAC_2 = (OAC_{min} + OAC_{max})/2 = 4.925\%$$

取 OAC_1 和 OAC_2 的中值作为最佳沥青用量 OAC。

$$OAC = (OAC_1 + OAC_2)/2 = 4.925\%$$

6. 配合比设计检验

(1)抗车辙试验。

以设计油石比进行车辙试验,试验结果见表 3-17,试验结果表明,混合料的抗车辙性能满足设计图纸的技术要求。

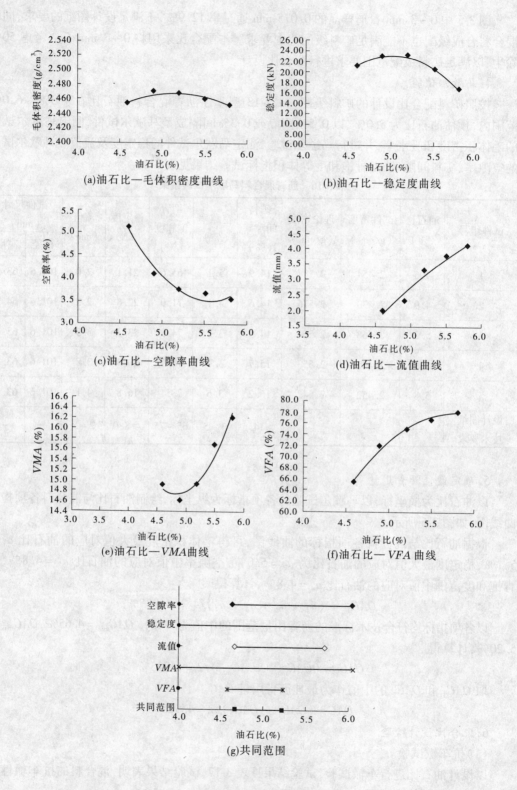

图 3-6　油石比与混合料各项指标曲线

表 3-17　动稳定度试验结果

编号	45 min 变形（mm）	60 min 变形（mm）	动稳定度 DS（次/mm） 单值	动稳定度 DS（次/mm） 平均值	设计图纸 技术要求	试验方法 （JTG E20—2011）
1	1.88	1.97	7 000	>6 000	≥3 500	T0719—2011
2	1.30	1.39	7 000			
3	1.18	1.28	6 300			
变异系数(%)	6.0					

（2）水稳定性检验。

采用设计油石比进行不同击实次数的马歇尔试件成型,测定马歇尔试件的浸水残留稳定度及冻融残留强度比。试验结果见表 3-18。表 3-18 表明,试验结果满足设计图纸技术要求。

表 3-18　浸水残留稳定度及冻融残留强度比试验结果

检验项目	设计图纸技术要求	检验值	试验方法 （JTG E20—2011）
浸水残留稳定度(%)	≥85	90.1	T0729—2000
冻融劈裂试验的残留强度比 TSR(%)	≥80	85.9	T0729—2000

（3）低温抗裂性能检验。

采用设计油石比成型混合料车辙板,切割成 35 mm × 30 mm × 250 mm 试件,在 −10 ℃下保温要求温度后,测试其低温性能,试验结果见表 3-19。通过表 3-19 可以看出,试验结果满足设计图纸技术要求。

表 3-19　低温弯曲试验结果

检验项目	检验结果	设计图纸技术要求	试验方法（JTG E20—2011）
抗弯拉强度(MPa)	12.67	—	T0715—2011
梁底最大弯拉应变(με)	2 945	≥2 800	
弯曲劲度模量(MPa)	4 302.2	—	

所以,AC −13·型改性沥青混合料目标配合比设计结论见表 3-20、表 3-21。

表 3-20　目标配合比级配设计结果

筛孔尺寸 （mm）	通过质量百分率(%) 碎石			0 ~ 3 mm 石屑	矿粉
	10 ~ 15 mm	5 ~ 10 mm	3 ~ 5 mm		
配合比例(%)	25	24	8	39	4

表 3-21　目标配合比各项指标设计结果

项目	油石比（%）	试件毛密度（g/cm³）	理论密度（g/cm³）	矿料间隙率（%）	空隙率（%）	沥青饱和度（%）	稳定度（kN）	流值（mm）
相应油石比（OAC）的各项指标值	4.9	2.470	2.576	14.6	4.1	71.9	22.8	2.3
设计图纸要求	—	—	—	≥14.5	3~5	65~75	≥8.0	2~5

（二）示例 2　AC-13 型改性沥青混合料生产配合比设计

根据目标配合比设计结果，对拌和站热料仓热料进行生产配合比设计。

1. 目标配合比设计结果

按照马歇尔设计方法进行了目标配合比的设计，混合料性能的验证，目标配合比矿料比例及设计级配见表 3-22、表 3-23。

表 3-22　目标配合比矿料比例

筛孔尺寸（mm）	通过质量百分率（%）					油石比（%）
	碎石			0~3 mm 石屑	矿粉	4.9
	10~15 mm	5~10 mm	3~5 mm			
配合比例（%）	27	25	10	34	4	

表 3-23　目标配合比设计级配

项目	集料级配，下列筛孔（mm）的通过质量百分率（%）									
筛孔	16	13.2	9.5	4.75	2.36	1.18	0.6	0.3	0.15	0.075
合成级配	100	96.7	76.7	48	33.5	24	16.1	10.1	7.7	6.6

目标配合比设计马歇尔试验体积指标及性能验证结果见表 3-24。

表 3-24　目标配合比设计马歇尔试验体积指标及性能验证结果

混合料类型	毛体积密度（g/cm³）	最大理论密度（g/cm³）	空隙率（%）	VMA（%）	MS_0（%）	TSR（%）
AC-13	2.422	2.541	4.7	14.7	88.7	84.7
技术要求			3~5		≥85	≥80

2. 生产配合比级配调试

1）热料仓筛分试验

根据拌和楼的应用经验，拌和楼筛网尺寸设置分别为 19 mm、13 mm、6 mm、4 mm。

在生产配合比设计过程中，为保证二次筛分试样的代表性和真实性，拌和楼上料速度与正常生产时上料速度相一致。各个热料仓单独放料，各热料仓前面料放掉，待稳定后从热料仓放料取样,并对所取样品采用四分法进行四分,并进行筛分和密度试验,结果见表3-25和表3-26。

表3-25　拌和楼各热料仓料筛分结果

项目	集料级配,下列筛孔(mm)的通过质量百分率(%)									
筛孔	16	13.2	9.5	4.75	2.36	1.18	0.6	0.3	0.15	0.075
4#仓	100	75.5	2.2	0.5	0.2	0.2	0.2	0.2	0.2	0.2
3#仓	100	100	66.9	1.0	0.2	0.2	0.2	0.2	0.2	0.2
2#仓	100	100	100	87.6	24.9	5.5	2.3	1.7	1.6	1.4
1#仓	100	100	100	100	92.7	66.7	41.1	27.6	13.3	8.3
矿粉	100	100	100	100	100	100	100	100	98.1	89.1

表3-26　拌和楼各料仓集料密度试验结果

材料	表观相对密度(g/cm³)	毛体积相对密度(g/cm³)	吸水率(%)
4#仓	2.758	2.737	0.28
3#仓	2.762	2.738	0.32
2#仓	2.730	2.708	0.30
1#仓	2.711	2.650	0.85
矿粉	2.690	—	—

2)生产配合比合成

依据目标配合比设计级配及热料仓筛分试验结果,以生产配合比设计曲线与目标配合比设计曲线重合的原则,进行生产配合比级配组成设计,各热料仓及矿粉质量比为:

4#仓:3#仓:2#仓:1#仓:矿粉＝11%:39%:20%:25%:5%。矿料合成级配计算结果如图3-7所示。

3)最佳油石比的确定

根据生产配合比的级配结果,采用目标配合比最佳油石比4.9%及4.9%±0.3%、4.9%±0.6%五个油石比进行马歇尔试验。试验结果见表3-27。

根据表3-27马歇尔试验结果,分别绘制稳定度、流值、空隙率、饱和度与油石比的关系图,从图中找出与毛体积密度最大值、稳定度最大值、空隙率范围中值及沥青饱和度范围中值对应的四个油石比,求出四者的平均值作为最佳油石比初始值 OAC_1。

如果在所选择的油石比范围内未能涵盖沥青饱和度的要求范围,则直接取密度最大值、稳定度最大值和空隙率范围中值的平均值作为 OAC_1;但如果选择试验的油石比范围,密度或稳定度没有出现峰值,可直接以目标空隙率所对应的油石比作为 OAC_1。求出满足沥青混合料各项指标要求的油石比范围(OAC_{max},OAC_{min}),该范围的平均值为 OAC_2,如果最佳油石比的初始值 OAC_1 在 OAC_{max} 与 OAC_{min} 之间,则认为设计结果是可行的,可取 OAC_1 与 OAC_2 的中值作为生产配合比的最佳油石比 OAC,并结合当地的气候特点和实际情况论证取用,最终得出最佳油石比。

筛孔尺寸	通过质量百分率(%)					合成级配	级配范围
(mm)	4#仓	3#仓	2#仓	1#仓	矿粉	(%)	(%)
16	100	100	100	100	100	100.0	100
13.2	75.5	100	100	100	100	97.3	90~100
9.5	2.2	66.9	100	100	100	76.5	68~85
4.75	0.5	1.0	87.6	100	100	48.1	38~68
2.36	0.2	0.2	24.9	92.7	100	33.4	24~50
1.18	0.2	0.2	5.5	66.7	100	23.0	15~38
0.6	0.2	0.2	2.3	41.1	100	15.9	10~28
0.3	0.2	0.2	1.7	27.6	100	12.4	7~20
0.15	0.2	0.2	1.6	13.3	98.1	8.7	5~15
0.075	0.2	0.2	1.4	8.3	89.1	6.9	4~8
配合比例(%)	11	39	20	25	5	100	

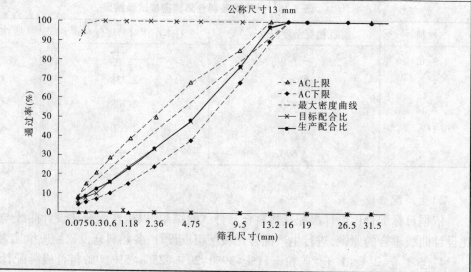

图 3-7 生产配合比对照图

表 3-27 AC-13 生产级配马歇尔试验结果

油石比 (%)	试件毛体积相对密度	理论最大相对密度	空隙率 (%)	矿料间隙率 VMA(%)	饱和度 VFA (%)	稳定度 (kN)	流值 (mm)
4.3	2.411	2.555	5.6	14.6	61.5	21.1	2.0
4.6	2.418	2.544	4.9	14.6	66.2	22.8	2.3
4.9	2.421	2.533	4.4	14.7	70.1	23.3	3.3
5.2	2.424	2.522	3.9	15.1	74.3	20.4	3.8
5.5	2.426	2.511	3.4	15.3	77.8	16.8	4.1
标准要求	—	—	3~5	—	65~75	≥8.0	2~4

注:要求空隙率4%、5%、6%所对应的 VMA 最小值分别为 14%、15%、16%,当空隙率不为整数时,由内插确定 VMA 最小值。

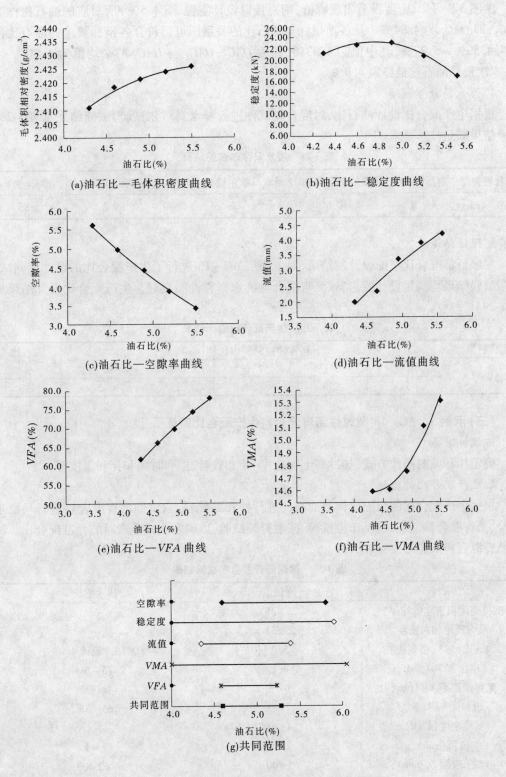

(a)油石比—毛体积密度曲线

(b)油石比—稳定度曲线

(c)油石比—空隙率曲线

(d)油石比—流值曲线

(e)油石比—VFA 曲线

(f)油石比—VMA 曲线

(g)共同范围

图 3-8　沥青混合料各项指标与油石比的关系

由图 3-8 可知,密度没有出现峰值,则直接以设计空隙率(4.5%)所对应的油石比作为 OAC_1,即 OAC_1 为 4.84%。从各项指标与油石比的关系图可得符合各指标要求的油石比范围为 4.59% ~5.27%,其中值为 4.93%,即为 OAC_2,OAC_1 与 OAC_2 的平均值为 4.9%。因此,本次设计油石比最终取 4.9%。

4)浸水马歇尔试验

根据生产配合比设计油石比,对混合料试件进行浸水马歇尔试验,试验结果见表 3-28。试验结果满足技术要求。

表3-28　浸水马歇尔试验结果

混合料类型	油石比(%)	马歇尔稳定度(%)	浸水马歇尔稳定度(kN)	残留稳定度(%)	要求(%)
AC – 13	4.9	10.6	9.46	89.2	≥85

3.设计结论

参照目标配合比级配设计的结果,对上面层 AC – 13 进行了生产配合比的设计及调试,各项试验结果均满足设计要求,该沥青混合料抗水损害性能良好。生产配合比设计结果见表3-29。

表3-29　生产配合比设计结果

混合料类型	下列各种材料所占比例(%)					油石比(%)
AC – 13	4#仓	3#仓	2#仓	1#仓	矿粉	
	11	39	20	25	5	4.9

(三)示例3　AC – 13 型改性沥青混合料生产配合比验证

1.试拌准备

确定拌和站的操作方式,如冷料上料速度、拌和数量、拌和时间和拌和温度等。

2.生产配合比的验证

根据生产配合比的级配比例及油石比进行拌和站拌料,取试铺沥青混合料进行马歇尔试验、沥青混合料燃烧试验、车辙试验、冻融劈裂试验,以确定正式生产时的标准配合比。试铺沥青混合料试验结果见表3-30。

表3-30　试铺沥青混合料试验结果

项目	测试值	技术要求
试件毛体积密度(g/cm³)	2.428	—
最大理论相对密度	2.533	—
油石比(%)(燃烧法)	5.0	±0.3%(设计4.9%)
空隙率 Va(%)	4.1	3 ~5
矿料间隙率 VMA(%)	14.5	≥14.1
饱和度 VFA(%)	71.5	65 ~75
稳定度(kN)	13.9	≥8
流值(mm)	2.86	2 ~4
动稳定度(次/mm)	5 700	≥2 400
残留稳定度(%)	87.6	≥85
冻融劈裂强度比(%)	81.4	≥80

检验标准配合比矿料合成级配中,至少包括 0.075 mm、2.36 mm、4.75 mm 及最大粒径筛孔的通过百分率接近设计配合比级配。混合料矿料筛分试验结果见表 3-31。

表 3-31　混合料矿料筛分试验结果(燃烧法)

筛孔尺寸 (mm)	混合料筛分测试值 (%)	生产配合比 合成级配(%)	级配允许波动范围 (%)	设计级配范围 (%)
16.0	100.0	100.0	—	100
13.2	94.7	97.3	6%(91.3~100)	90~100
9.5	77.3	76.5	6%(70.5~82.5)	68~85
4.75	47.5	48.1	6%(42.1~54.1)	38~68
2.36	33.8	33.4	5%(28.4~38.4)	24~50
1.18	23.8	23.0	5%(18.0~28.0)	15~38
0.6	14.9	15.9	5%(10.9~20.9)	10~28
0.3	11.8	12.4	5%(7.4~17.4)	7~20
0.15	7.3	8.7	5%(3.7~13.7)	5~15
0.075	6.3	6.9	2%(4.9~8.9)	4~8

经验证,试铺混合料马歇尔试验、燃烧试验、车辙试验和冻融劈裂试验结果均符合设计要求,所以正常生产时标准配合比见表 3-32。

表 3-32　标准配合比设计结果

混合料类型	下列各种材料所占比例(%)					油石比(%)
AC - 13	4#仓	3#仓	2#仓	1#仓	矿粉	
	11	39	20	25	5	4.9

(四)示例 4　沥青混合料生产配合比设计计算

拌和机为某地生产的 4000 型间歇式拌和机,拌和锅一次拌 4 000 kg,有 4 个热料仓,各料仓筛孔和进场的各冷料相近。最大的 4#仓粒径为 20~30 mm;3#仓粒径为 10~20 mm;2#仓粒径为 5~10 mm;1#仓粒径为 0~5 mm。按目标配合比上冷料,进行烘干、除尘、筛分进入各热料仓,分别取 3#、2#、1#仓进行筛分,并测各热料仓集料的表观密度,按 OAC 增减0.3% 制备马歇尔试件,分别测其各项指标结果如表 3-33 所示。

表 3-33　各项指标结果

油石比(%)	理论密度 (g/cm³)	空隙率 (%)	饱和度 (%)	矿料间隙率 (%)	稳定度 (kN)	流值 (mm)
4.7	2.617	6.6	59	16	11	5.3
5.0	2.597	4.1	73	15	13	4.9
5.3	2.597	3.8	76	15.9	12	4.3

确定沥青最佳油石比为 4.8%,沥青用量为 4.6%,生产配合比结果为 3#仓:2#仓:1#仓:矿粉:沥青油石比 =27:25:43:5:4.8。以此配合比进行试件试拌、试铺,拌一锅各热料仓的集料质量为:

$3^{\#}$仓$(10 \sim 20\ mm)$:$4\ 000 \times (1 - 4.6\%) \times 27\% = 1\ 030(kg)$

$2^{\#}$仓$(10 \sim 20\ mm)$:$4\ 000 \times (1 - 4.6\%) \times 25\% = 954(kg)$

$1^{\#}$仓$(10 \sim 20\ mm)$:$4\ 000 \times (1 - 4.6\%) \times 43\% = 1\ 641(kg)$

矿粉:$4\ 000 \times (1 - 4.6\%) \times 5\% = 191(kg)$

沥青:$4\ 000 \times 4.8\% = 192(kg)$

五、小练习

(1)沥青混凝土配合比设计采用标准方法是什么？用该方法可以测得混合料试件的哪些指标？

(2)在沥青混凝土配合比设计时,需要进行矿质混合料的配合比设计,简要叙述该工作的主要内容。

(3)除马歇尔试验外,在沥青混凝土配合比设计中还应做哪些试验？

(4)在沥青混凝土配合比设计中,需进行哪些阶段？最终的目的是什么？

(5)最佳沥青用量可根据哪些方法确定？

第二节　沥青混合料配合比设计的专用设备与技术参数

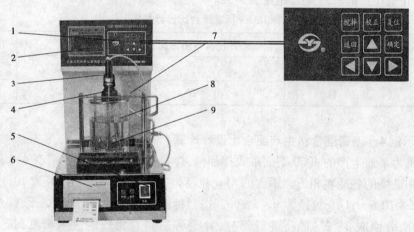

1—操作键盘;2—液晶屏;3—温度传感器;4—加热插头;
5—电源开关;6—打印机;7—上支架;8—烧杯;9—试样环和中层板

全自动沥青软化点试验器(SYD - 2806G 型)

①测量范围:$+5 \sim +160\ ℃$;

②温度分辨率:$0.01\ ℃$;

③加热速率:$(5.0 \pm 0.5)℃ / min$;

④试样环:外径$(23 \pm 0.1)mm$,内径$(15.9 \pm 0.1)mm$;

⑤钢球定位环:外径$(24.6 \pm 0.1)mm$,内径$(23.9 \pm 0.1)mm$;

⑥钢球:直径$9.53\ mm$,质量$(3.5 \pm 0.05)g$;

⑦软化点结果:液晶显示和打印机打印;

⑧加热功率:$600\ W$;

⑨烧杯:有效容积$1\ 000\ mL$

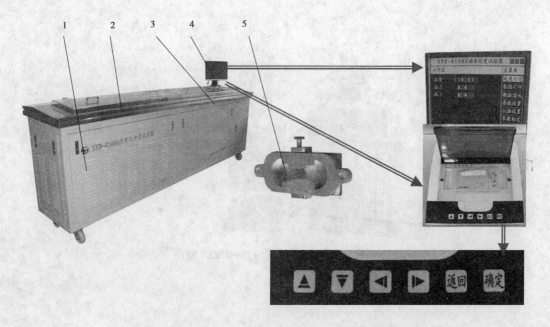

1—箱体系统;2—试验水槽系统;3—操作系统;4—显示器;5—试模

沥青延度试验器(带双测力、SYD－4508H 型)

①测量范围:1.5 m ± 10 mm;

②控温范围:5～35 ℃;

③控温精度:±0.1 ℃;

④拉伸速度:10 mm/min、50 mm/min;

⑤测量精度:±1 mm;

⑥测力范围:0～300 N;

⑦测力精度:±1 N;

⑧制冷形式:1.0 匹直流无氟变频压缩机制冷(环保高效性)

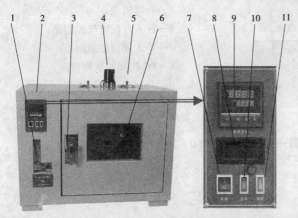

1—控制面板;

2—空气流量调节器;

3—门开关;

4—空气循环电机;

5—通风口及调节风扇;

6—观察窗;

7—控温仪;

8—计时显示器;

9—电源开关;

10—旋转开关;

11—照明开关

沥青旋转薄膜烘箱(SYD－0610 型)

①加热功率:2.4 kW;　②工作室温度:163 ℃;

③控温精度:±0.5 ℃;　④转盘转速:(15 ±0.2) r /min;

⑤空气流量:(4 000 ±200)mL /min　⑥定时装置:85 min 报警

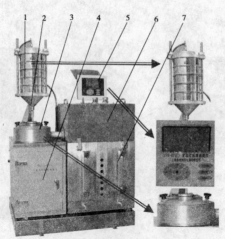

1—套筛；
2—锥形筛分座；
3—收集槽；
4—离心分离系统；
5—控制键盘及显示器；
6—冷凝箱；
7—溶剂室

全自动沥青抽提仪(SYD－0722A 型)

①试样容量:1 000 ~1 500 g;

②抽提精度:≤0.1%;

③抽提时间:(20 ~40)min/次;

④离心分离转速:5 500 r/min 及 11 000 r/min;

⑤冷却水:压力:≥2 bar,

水温:≤12 ℃

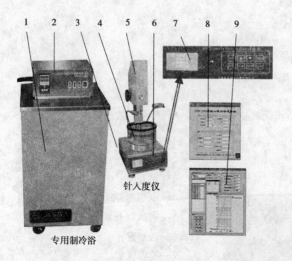

1—专用制冷浴；
2—专用制冷浴控制面板；
3—自动针入度仪主机；
4—试验水浴；
5—升降机头；
6—针入度仪电气控制箱；
7—针入度仪控制面板；
8—PC 机操作软件界面；
9—自动生成的诺模图

针入度自动试验器——低温全能(SYD－2801Ⅰ 型)

①测量范围:(0 ~600)针入度;

②分辨率:0.1 针入度;

③时间设定范围:0 ~60 s;

④加热器功率:200 W;

⑤标准针:50 mm、(2.5 ±0.05)g;

⑥浴槽容积:8.5 L;

⑦温度范围:5.0 ~100.0 ℃;

⑧恒温精度:±0.1 ℃

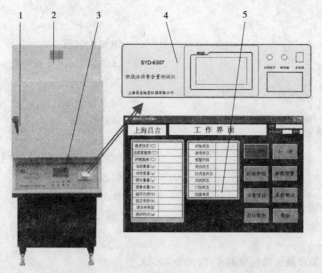

1—燃烧炉门把手;

2—燃烧炉(含燃烧室、加热器、集烟室和鼓风排气部分);

3—电气控制箱(含电子天平、试验测量控制和数据处理部分);

4—控制面板;

5—PC机操作软件界面

沥青含量测试仪——燃烧法(SYD-6307型)

①最大试样质量:4 000 g;

②推荐试样质量:1 000~1 500 g;

③天平分度:±0.1 g;

④天平量程:10 kg;

⑤燃烧室尺寸:350 mm×440 mm×330 mm;

⑥最高工作温度:800 ℃;

⑦试验稳定系数:0.01%

1—电气控制箱;

2—温度传感器;

3—标准试样杯;

4—自控加热炉;

5—自动划扫杆;

6—仪器电源开关;

7—液晶显示器;

8—轻触控制键盘

克利夫兰开口闪点试验器(SYD-3536-1型)

①试样杯:符合 GB/T 3536—2008 标准要求;

②加热装置:电炉加热,无明火,防爆,功率0~600 W连续可调,最高加热温度400 ℃;

③温度控制:单片机温度控制,升温速率符合 GB/T 3536—2008 标准要求;

④温度显示:液晶屏显示各种温度参数,显示值0~400 ℃,精度0.1 ℃;

⑤划扫装置:自动扫划;

⑥温度传感器:PT100 铂电阻温度传感器;

⑦点火装置:引火源为煤气(或其他民用可燃气),喷口孔径约0.8 mm

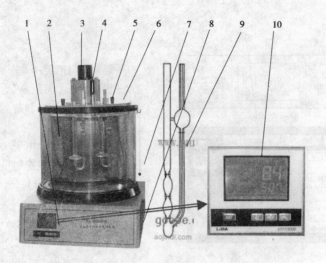

1—电气控制箱；

2—试验浴缸（内外双层缸）；

3—搅拌电机；

4—温度传感器；

5—试验孔盖；

6—浴缸盖；

7—垂线和垂球（校正仪器水平）；

8—仪器工作电源开关；

9—坎分式逆流毛细管；

10—温度控制器

石油产品运动黏度测定器（SYD－265E 型）

①浴液加热功率：两挡，1 600 W；　②浴液使用温度：室温～180.0 ℃；

③油浴控温精度：±0.1 ℃；　　　④油浴容量：≥23 L；

⑤试样数量：同时 3 根；　　　　⑥搅拌电机：功率 6 W，转速 1 200 r/min；

⑦温度传感器：工业铂电阻，其分度号为 Pt100；

⑧毛细管黏度计：坎芬式逆流毛细管黏度计，一组共七支，型号分别为 200、300、350、400、450、500、600

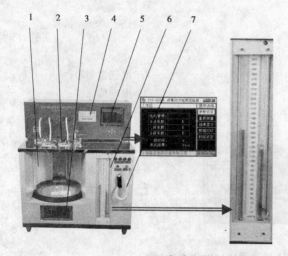

1—玻璃浴缸；

2—毛细管夹持器；

3—水浴高精度温控仪；

4—测试结果打印机；

5—液晶显示屏；

6—U 形管水银真空压力计；

7—手持式测试控制按钮

沥青动力黏度试验器（SYD－0620A 型）

①控温范围：0.00～100.00 ℃；

②控温精度：±0.01 ℃；

③压力范围和精度：(300±0.5)mmHg；

④计时范围：0.0～9 999.9 s；

⑤计时精度：≤0.05%；

⑥测量范围：18～580 000 Pa·s；

⑦试样数量：4 支

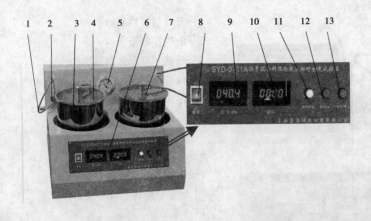

1—真空标定接口；
2—过压进气调节阀；
3—负压试验容器；
4—负压试验容器盖板；
5—真空表；
6—电气控制箱；
7—负压容器抽真空吸气口；
8—仪器电源总开关；
9—负压容器压力显示器；
10—负压容器保压时间显示器；
11—启动/停止按键；
12—振动/▲按键；
13—标定/▼按键

沥青混合料理论最大相对密度试验器(SYD-0711A 型)

①负压容器容积:4 000 mL×2 只；
②真空泵功率:160 W；
③负压容器负压:3.7 kPa(27.75 mmHg),允许偏差 ±0.3 kPa

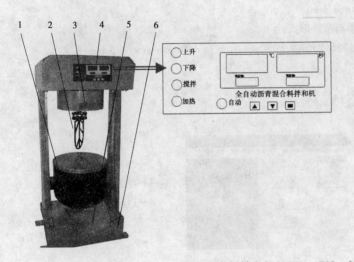

1—20 L 拌和锅；
2—搅拌桨；
3—添料口；
4—电器控制箱；
5—拌和料出料槽；
6—仪器底座

自动混合料拌和机(SYD-F02-20 型)

①拌和量:20 L；
②控温范围:室温～200 ℃；
③控温精度:±5 ℃；
④控时范围:0～999 s
⑤控时精度:±0.1 s；
⑥拌和桨转速:公转 47 圈/min,自转 76 圈/min；
⑦拌和电机:380 V/550 W、50 Hz,1 400 r/min；
⑧升降电机:380 V/550 W、50 Hz,1 400 r/min

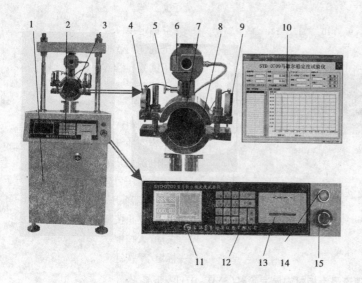

1—升降装置控制箱；

2—电气控制箱；

3—马歇尔稳定度测试机构；

4—位移传感器（左）；

5—定位拉手；

6—载荷传感器；

7—马歇尔试样加载上夹具；

8—马歇尔试样加载下夹具；

9—位移传感器（右）；

10—PC机操作软件界面；

11—液晶显示屏；

12—操作键盘；

13—输出结果打印机；

14—电源按钮；

15—急停开关

马歇尔稳定度试验仪（SYD－0709型）

①测试荷载:0~50.00 kN,测量误差:±0.05%(F.S)；

②测试位移:0~10 mm,测量误差:±0.5%(F.S)；

③加载速率:(50±5)mm/min；

④加载形式:自动和手动两种形式；

⑤试模规格:大试模ϕ152.4 mm×95.3 mm,小试模ϕ101.6 mm×63.5 mm

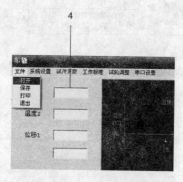

1—电机控制室；

2—车辙实验室；

3—电器操作箱；

4—PC机操作软件界面

自动车辙试验仪（SYD－0719A型）

①试样尺寸:300 mm×300 mm×(30~200)mm,300 mm×150 mm×50 mm；

②试验轮行走距离:(230±10)mm；

③往返碾压速度:(42±1)次/min（21次往返/min）；

④加载装置:接触压强在60 ℃时为(0.7~1.3 MPa)±0.05 MPa；

⑤位移的测量范围:0~130 mm,测量精度小于0.01 mm；

⑥车辙的试验时间:60~240 min,标准试验时间为60 min；

⑦变形测量:精确度0.3%,最小分度值0.005 mm；

⑧试验温度:45~85 ℃、精度0.5 ℃

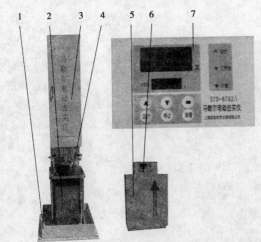

1—仪器底座；

2—击实木墩；

3—重锤控制室；

4—试模平台；

5—工具箱兼电气控制箱架；

6—电气控制箱；

7—电气控制箱面板

马歇尔电动击实仪（SYD－0702A 型）

①重锤 1：(4 536 ±9) g（适用于 ϕ101.6 mm ×63.5 mm 试件）；

②重锤 2：(10 210 ±10) g（适用 ϕ152.4 mm ×95.3 mm 试件）；

③重锤落差：(457 ±1.5) mm；

④试模 1：适用于 ϕ101.6 mm ×63.5 mm 试件；

⑤试模 2：适用于 ϕ152.4 mm ×95.3 mm 试件；

⑥击实速度：(60 ±5) 次/min；

⑦击实次数：0 ~999 次

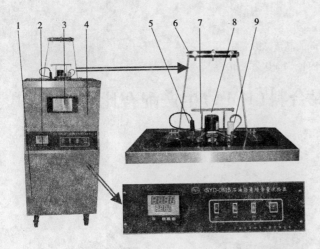

1—制冷工作室；　　2—电气控制箱；

3—观察窗口；　　　4—试验浴保温室；

5—温度传感器；　　6—气路分配器；

7—试样器皿挂勾架；8—搅拌电机；

9—加热器接线柱

沥青蜡含量试验器（SYD－0615 型）

①加热功率：700 W；

②制冷功率：1 000 W；

③试验浴温度：(-20 ±0.5)℃；

④搅拌电机转速：1 200 r/min；

⑤温度传感器：Pt100；

⑥试样数：同时 3 个

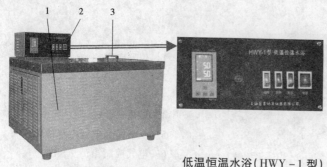

1—制冷工作室;

2—电气控制箱;

3—试验水浴

低温恒温水浴(HWY-1型)

①水浴容量：370 mm×300 mm×300 mm;

②适用水量：28 L;

③温控范围：5~80 ℃;

④控温精度：±0.1 ℃

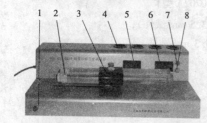

1—启动按钮;2—试样筒;3—试样筒夹;

4—试样筒固定座;5—计数显示器;

6—时间显示器;7—静置时间设置按钮1;

8—静置时间设置按钮2

细集料砂当量试验器(SYD-0334型)

①试筒振幅：(203±1.0)mm;

②振荡周期：(180±2)次/min;

③配重活塞：1 kg±5 g;

④塑料试筒：内径(32±0.25)mm、高度420 mm;

⑤冲洗管：外径(6±0.5)mm、内径(4±0.2)mm

第三节 热拌沥青混合料(HMA)生产配合比应用

一、热拌沥青混合料试验仪器

1—燃烧器;2—干燥滚筒;3—排风除尘系统

热拌沥青混合料拌和厂实景图

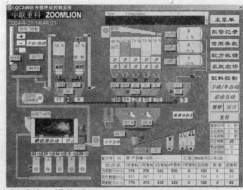

控制室、控制系统、操作界面

热集料筛分系统局部实景图

热集料仓局部实景图

混合料搅拌锅实景图

双卧轴搅拌器局部实景图

搅拌器内搅拌叶局部实景图

独立计量系统局部实景图

粉料供给系统实景图

成品料储存实景图

沥青供给系统实景图

二、沥青混合料生产设备结构

间歇强制式沥青混合料生产设备结构简图见图3-9。

由于结构的特点,间歇强制式沥青混合料设备能保证集料的级配、集料与沥青的比例达到相当精确的程度,也容易根据需要随时变更集料级配和油石比,所以搅拌的沥青混合料质

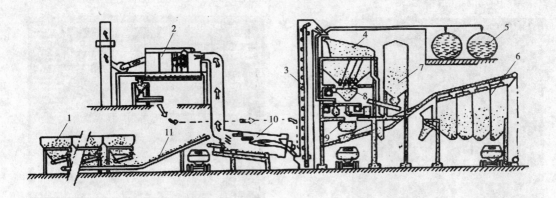

1—冷集料储仓及配料装置;2—除尘装置;3—热集料提升机;4—热集料筛分及储存装置;5—沥青供给系统;
6—成品料储仓;7—石粉储仓及计量装置;8—热集料计量装置;9—搅拌器;10—冷集料烘干加热筒;
11—冷集料带式输送机

图 3-9 间歇强制式沥青混合料生产设备结构简图

量好,可满足各种工程的施工要求。因此,这种搅拌设备在国内外使用较为普遍。其缺点是
工艺流程长、设备庞杂、建设投资大、耗能高、搬迁较困难,对除尘装置要求高。

连续滚筒式沥青混合料搅拌设备的总体结构见图 3-10。

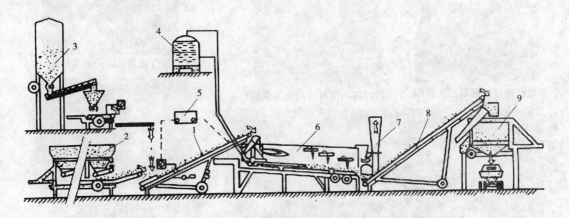

1—冷集料带式输送机;2—冷集料储仓及配料装置;3—石粉供给装置;4—沥青供给装置;5—油石比控制仪;
6—干燥拌和筒;7—除尘装置;8—成品料转送机;9—成品储仓

图 3-10 连续滚筒式沥青混合料搅拌设备的总体结构

除热集料提升机、热集料筛分及储存装置、搅拌器外,其余的与间歇强制式的基本相同。
沥青混合料生产工艺流程见图 3-11。

三、把好原材料技术指标源头

硬化场地、通电、通路、建沥青存贮罐等基本工作环境建设完成后,首先,根据项目中标
通知书中沥青路面结构层设计要求,有针对性地选择、落实符合沥青混合料技术指标要求的
各种原材料。常见沥青混合料选用矿料见表 3-34。

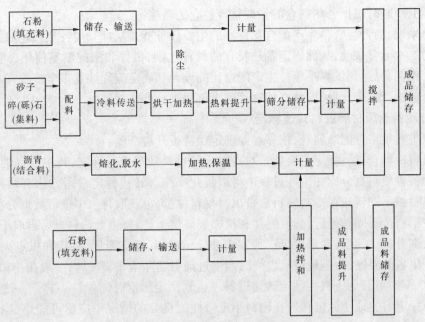

图 3-11　沥青混合料生产工艺流程

表 3-34　常见沥青混合料选用矿料

沥青混合料类型	建议选择储备使用的矿料、粗细集料				
AC – 25	10 ~ 25 mm				
AC – 20	10 ~ 20 mm	5 ~ 10 mm	0 ~ 5 mm 石屑 或 3 ~ 5 mm 碎石	天然砂	矿粉
AC – 16	10 ~ 20 mm				
AC – 13	10 ~ 15 mm				

　　其次,对于有条件的沥青混合料生产单位,最好能配套式选择适当的毛石,来自加工现场拌和需要的各种粒级的粗集料,作为储备使用,以达到稳定材料源的目的。如属于回收集料的方式,则牢固树立:"需要什么材料,进什么样材料"的科学理念;反对"进什么材料,用什么材料"的传统错误行为。同时,由于向外委托有相应检测试验资质机构进行目标配合比设计时,送检各种原材料数量与生产现场所用各种原材料数量相差很大,小到几乎可以忽略不计的,再加之各种材料在批次加工过程中产品质量的波动性的实际情况,各类质量检测试验人员,除随时目测外,严格落实各种材料的批次、检测频率,建立各种原材料技术性能动态管理及时反馈制度,落实"技术指标一票否决制"的材料管理措施。

四、生产中配合比设计及标定

　　在目标配合比确定后,应利用实际施工的拌和机完成生产配合比设计。试验前,应首先根据级配类型选择振动筛筛号,使几个热料仓的材料不致相差太多,最大筛孔应保证能使超粒径料排出,使最大粒径筛孔通过量符合设计范围要求。试验时,按目标配合比设计的冷料仓比例上料、烘干、筛分,然后从二次筛分热料仓分别取样筛分,并分别测各热料仓各料的表观密度。上冷料时根据各热料仓的量调整冷料仓的转速。

简单来说,沥青混合料生产配合比设计的主要任务就是从拌和楼各热料仓取样筛分,进行所谓的二次筛分试验,从而确定各热料仓的材料比例,供拌和楼控制室使用,同时反复调整冷料仓比例,以达到供料平衡。生产配合比的设计和确定流程涉及多个步骤,因此要做好沥青混合料生产配合比设计,就必须对其各个流程进行严格控制。

(一)冷料仓原材料进料转速标定

按照集料规格分配冷料仓,依靠经验确定挡料板开启高度。

对集料冷料仓进行标定主要就是对冷料仓的进料转速进行标定,其主要目的是使目标配合比中各种集料百分比在生产过程中得以量化实施。转速标定常用方法有两种:第一种是各种集料按不同转速在冷料输料总带出口接料称量,再获取含水率进行数据分析;第二种是对各种集料按不同转速进料,点燃拌和机燃烧筒烘干集料,进入热料仓后再取干燥集料称量进行数据分析。一般,常采用第二种方法进行标定,其标定流程为:拌和机点火至燃烧筒足以烘干集料的温度,为避免空机燃烧时温度过高引起除尘布袋损坏,一般在拌和机烟气温度达到 50 ℃时可开始上料→预定转速进料→达到预定标定时间停料→称量→进行下一转速标定。标定时的最小标定转速在输料小皮带性能良好的情况下应尽可能小,当集料小皮带性能较差、转速过小出现动力不足而卡料现象时,标定的最小转速一般不宜小于 200 r/min;最大转速可按小于拌和机允许最大转速 200 r/min 的原则确定,以避免电机满负荷作业。一般情况下,可采用 6 个等距转速进行标定。标定时间的确定以进集料最多的热料仓不溢仓为基本原则,时间越长越好。标定前可根据经验先拟定标定时间。在进行称量时,可采用电子秤或地磅称量。在标定人员方面,应设冷料口观察员 1 名,负责观察冷料出料是否正常连续,记录各转速从开始下料至停料的总时间,进行不正常时通知停止标定;设控制室计时员 1 名,负责记录、控制电脑设定各转速开始下料至停料总时间,采用拌和机电子称量时,记录矿料各转速进料总量;设拌和机操作人员 1 名,采用地磅称量时设地磅司磅员 1 名,负责矿料称量并记录。

标定过程中,冷料口观察员与控制室计时员的两个记录时间应对比,若相差较大,应分析原因,采用其中认为无误的时间,如不能统一,应重新标定。此外,称量时应待拌和机燃烧筒与输料立柱中的矿料完全进入热料仓时才结束称量。在得到标定数据后,可采用 Excel 软件进行数据处理,处理时先确定实际生产时的拌程时间,然后利用 Excel 图表功能进行转速与每拌程时间进料质量关系回归分析。在计算集料进料转速时,先确定拌和机实际生产时设定的一拌程混合料总量,再根据目标配合比中沥青用量、矿粉用量和某种集料用量的百分比,用某种集料冷仓进料转速标定结果,计算该集料的进料转速。

(二)热料仓各仓进料百分比标定

实际生产中,热料仓各仓进料百分比的标定流程为:拌和机点火至燃烧筒足已烘干集料的温度→按计算转速进各种集料→达到预定标定时间停止进料→各个热料仓矿料分别称量→同上步骤进行第二次标定。

标定时的集料进料转速按计算的各种集料进料转速,以确保标定模拟满量程生产过程,标定时间和标定人员则与冷料仓原材料进料转速标定相同。在进行热料仓各仓进料百分比标定时,需要注意以下要点:①取两次每盘拌和时间进料量平均值作为标定值,且两者差值不应大于平均值的 5%,超出时分析原因,必要时再标定一次,取两个最接近结果的平均值;

②计算热料仓各仓进料占实际进料总量含矿粉百分比时,应考虑矿粉用量,一般可用下式计算:各仓百分比 = 每盘拌和时间进料量平均值 / 实际每盘拌和进料总量(不含矿粉)/(目标配合比中矿粉用量 %)×100;③实际每盘拌和进料总料(不含矿粉)与预定每盘拌和进料总量(不含矿粉)二者偏差不能太大,要求偏差率占预定总量的百分比在 ±10% 以内,超出后应分析原因,考究冷仓进料标定的有效性,必要时重新标定。

(三)二次筛分合成级配

目前,我国生产沥青混合料一般采用间歇式拌和楼,而其中的振动筛网与热料仓主要分为:二层三仓式、二层四仓式和三层五仓式,因此拌和楼的筛孔规格与热料仓应相匹配,即拌和楼有几个热料仓就有几种规格的筛孔。振动筛筛孔的选取对于热料仓集料的供料平衡,尤其对于二次筛分合成级配确定各热料仓中材料比例具有相当重要的意义。选用合理的振动筛能够避免热料仓等料和溢料的现象,从而提高拌和楼的生产效率,进一步保证沥青混合料的级配稳定。一般来说,拌和楼采用的筛孔与规范采用的筛孔一般都是方孔。具体如何选定热料仓振动筛筛孔应综合以下因素进行考虑:①按目标配合比合成级配曲线选定,原集料级配规格不合理选择筛孔需要调整;②按规范要求的级配中值或标书要求的级配中值选取;③不同型号拌和楼筛网倾角和振筛能力有所不同,应根据实际需要选取。一般而言,最小筛孔为 3 ~ 4 mm,最大筛孔为最大粒径筛孔,中间筛孔依平衡原理选定。二次热料仓集料筛与沥青混合料热料仓振动筛筛孔尺寸的选择见表 3-35。

表 3-35   二次热料仓集料筛与沥青混合料热料仓振动筛筛孔尺寸的选择

沥青混合料类型	建议热料仓振动筛筛孔尺寸(mm)			
AC - 25	3	6	15	28
	4	10	20	35
AC - 20	3	6	15	22
	4	10	17	30
AC - 16	3	6	11	19(22)
AC - 13	3	6	11	15

在合理选定振动筛筛孔后,需要进行二次筛分合成级配,确定各热料仓中材料比例。虽然集料在通过加热烘干除尘后,已经除去很多粉尘,但二次筛分必须按规范用水洗法测定,其目的是使 0.075 mm 筛通过率更加准确,从而使得级配更加准确,粉胶比也更具有代表性。筛分前必须按照"四分法"将集料拌均匀取样,这样能保证筛分试验的准确性和代表性。各热料仓的集料必须重新检测表观密度和毛体积密度,而不能用目标配合比试验时的密度来代替。这样能使计算的理论密度更为合理。这是因为:下面层 AC - 25F 集料规格为:26.5 ~ 19 mm、19 ~ 9.5 mm、9.5 ~ 4.75 mm、4.75 ~ 0.075 mm。因此,其筛分必然不一样,从而集料的表观密度和毛体积密度也有所不同。需要注意的是,在进行二次筛分合成级配时,要考虑各集料质量百分比的均衡性,使得到的级配能够满足实际生产的需要。一般而言,AC - 细型密级配沥青混合料合成级配应在级配中值偏下一些,目标空隙率在4%左右、不小于 3.5% 较为适宜。AC - 粗型密级配沥青混合料合成级配应在级配中值偏上一些,目

标空隙率则应在 6% 左右较为适宜。

(四)最佳沥青用量的确定

沥青混合料生产配合比设计过程中确定沥青用量时,通常是采用目标配合比确定的最佳沥青用量 *OAC* 与 *OAC* ±0.3%,采用二次筛分合成级配来进行沥青混合料马歇尔试验,根据试验结果确定沥青用量。一般来说,如果 3 个沥青用量的混合料试件的各项试验结果都符合马歇尔试验技术标准,则取 *OAC* 作为生产配合比的最佳沥青用量。如果有一个沥青用量试件不符合技术标准,须补做沥青用量相差 0.3% 的一级混合料试件进行检验,若符合技术标准,则取其中间沥青用量作为生产配合比的最佳沥青用量。在目标配合比设计优良、生产配合比设计中确定的合成级配与目标配合比设计中的合成级配偏差不大的情况下,用上述方法确定的最佳沥青用量是适合的。但从工程实际情况来看,往往存在目标配合比设计与生产配合比设计由两家单位实施,目标配合比设计单位往往不是经济利益主体,未进行合理优化,以及目标配合比设计的原材料样品代表性不足的情况,这些情况容易造成两个配合比确定的矿料级配曲线偏差较大,因此有必要在生产配合比设计时重新采用"五油法"确定最佳沥青用量,由此确定的最佳沥青用量超出目标配合比确定的最佳沥青用量±0.3%时,应综合分析原因,质疑存在的问题,必要时并在时间允许的情况下,重新进行两个配合比的设计。

(五)成品沥青混合料及施工中拌和楼配合比的调试

成品沥青混合料调试是指通过对拌和完成的成品混合料进行级配、沥青用量(用油量)、马歇尔体积指标的检验、沥青裹覆分析和温度检验来验证成品混合料的整体质量及检验拌和楼的工作状况。

(1)级配、用油量、马歇尔体积指标的检验,对成品料采用随机取样,分别按照规范规定的程序对成品料进行抽提、马歇尔试验。马歇尔试验指标值、沥青用量(用油量)和混合料的级配应满足监理批准的实验室沥青混合料生产配合比设计对成品料的设计要求,级配检验时可将筛分数据绘制成级配曲线,依据混合料类型分区分析与设计级配包络线的接近程度,如发现级配或油石比偏差较大,应按照以上步骤查找原因,严重时可以进行第二次调试,直至达到生产配合比设计指标要求,从而保证工程质量。如级配不满足要求,可以先按以下方法进行微调:如上面层 SMA13 型混合料级配可分为:9.5~16 mm、4.75~9.5 mm、2.36~4.75 mm 和 0.075~2.36 mm 4 个区,若 9.5~16 mm 区级配曲线在设计级配曲线上方,表明大料偏多,若 4.75~9.5 mm 区级配曲线在设计级配曲线上方,表明中料偏多,若 2.36~4.75 mm 区级配曲线在设计级配曲线上方,表明细料偏多,若 0.075~2.36 mm 区级配曲线在设计级配曲线上方,表明粉料偏多;反之偏少。平时如发现级配存在偏差,可根据抽提结果适当调整相应区间内规格料的用量,使混合料级配更好地接近生产级配的设计要求,从而保证工程质量。

(2)沥青裹覆分析。工程中一般由马歇尔试验方法来测定沥青含量,实际施工中存在拌和楼拌料不均,沥青裹覆集料不均,而导致部分沥青混合料中沥青含量过高,以致出现路面沥青泛油;部分料沥青含量偏低,甚至出现花白料现象,可能导致沥青路面出现龟裂,甚至松散产生坑槽。为做到混合料拌和均匀,施工中常采取集料依照由大到小的顺序落入搅拌锅内,从而使大集料有充分的时间被沥青裹覆,提高沥青裹覆质量。

(3)温度检测。沥青混合料拌和温度是很重要的检验指标,它将直接影响混合料拌和的成品料质量和现场碾压效果,对现场检测结果也将产生间接的影响。

实际施工中拌和楼常检验三种温度:集料、沥青和混合料的温度。拌和楼沥青的温度采用在沥青贮存罐沥青出口处设置的专用温度计来测定,集料温度检测是在干燥筒出料口部位进行,混合料温度检测是在拌和卸料口(设置贮存仓时在贮存仓出料口)处进行,均由专用的红外线温度测定仪准确测定,施工单位增加了在料车上对成品料温度的检测。测试方法是将带金属插杆的热电偶式数字显示温度计的插杆插入成品料内,待显示值稳定后及时记录温度。不同沥青混合料的温度动态控制见表3-36。

表3-36　不同沥青混合料的温度动态控制

温度类型	沥青混合料类型		
	普通沥青混合料	SBS 改性沥青混合料	SBR、PR 改性沥青混合料
各种沥青加热温度	140 ~150 ℃	160 ~170 ℃	150 ~160 ℃
集料加热温度	165 ~175 ℃	180 ~190 ℃	
混合料出厂温度	160 ~165 ℃	175 ~185 ℃	
混合料贮存温度	降低不得超过10 ℃		
废弃温度	185 ℃(黄烟、发乌)	200 ℃(黄烟、发乌)	
加工改性沥青温度	—	165 ~175 ℃	—

沥青混合料生产配合比设计在沥青混合料生产中是非常重要的。因此,对于其整个流程都需严格控制,并对集料级配与沥青用量应进行多方位优化,以确保沥青混合料质量。而对设计确定的沥青混合料,同时要进行全方面检验,并要依据施工中实际情况,对拌和楼运行参数进行调整,只有这样才能保证设计的沥青混合料生产配合比既可行又可靠,施工企业真正达到质量、效益平衡双发展,实现科学履约合同。

五、沥青混合料生产中的注意事项

(1)沥青混合料可采用间歇式拌和机和连续式拌和机拌制。高速公路和一级公路宜采用间歇式拌和机拌和。连续式拌和机使用的集料必须稳定不变,一个工程项目合同段从多处进料、料源或质量不稳定时,不得采用连续式拌和机。

(2)沥青混合料拌和设备的各种传感器必须定期检定,周期不少于每年一次。冷料供料装置需经标定得出集料供料曲线。

(3)间歇式拌和机应符合下列要求:

①总拌和能力满足施工进度要求。拌和机除尘设备完好,能达到环保要求。

②冷料仓的数量满足配合比需要,通常不宜少于 5 ~6 个。具有添加纤维、消石灰等外掺剂的设备。

(4)集料进场宜在料堆顶部平台卸料,经推土机推平后,铲运机从底部按顺序竖直装料,减小集料离析。

(5)高速公路和一级公路施工用的间歇式拌和机必须配备计算机设备,拌和过程中逐盘采集并打印各个传感器测定的材料用量和沥青混合料拌和量、拌和温度等各种参数。每个台班结束时打印出一个台班的统计量,按规定方法进行沥青混合料生产质量及铺筑厚度的总量检验。总量检验的数据有异常波动时,应立即停止生产,分析原因。

(6)烘干集料的残余含水率不得大于1%。每天开始几盘集料应提高加热温度,并干拌几锅集料废弃,再正式加沥青拌和混合料。

(7)拌和机的矿粉仓应配备振动装置以防止矿粉起拱。添加消石灰、水泥等外掺剂时,宜增加粉料仓,也可由专用管线和螺旋升送器直接加入拌和锅,若与矿粉混合使用,应注意不使二者因密度不同而发生离析。

(8)拌和机必须有二级除尘装置,经一级除尘部分可直接回收使用,二级除尘部分可进入回收粉仓使用(或废弃)。对因除尘造成的粉料损失,应补充等量的新矿粉。

(9)间歇式拌和机的振动筛规格应与矿料规格匹配,最大筛孔宜略大于混合料的最大粒径,其余筛的设置应考虑混合料的级配稳定,并尽量使热料仓大体均衡,不同级配混合料必须配置不同的筛孔组合。

(10)间歇式拌和机宜备有保温性能好的成品储料仓,贮存过程中混合料温降不得大于10 ℃,且不能有沥青滴漏。普通沥青混合料的贮存时间不得超过72 h,改性沥青混合料的贮存时间不宜超过24 h,SMA混合料只限当天使用,OGFC混合料宜随拌随用。

(11)使用改性沥青时应随时检查沥青泵、管道、计量器是否受堵,堵塞时应及时清洗。

(12)沥青混合料出厂时应逐车检测沥青混合料的质量和温度,记录出厂时间,签发运料单。

(13)对于计量设备、温度测试系统必须进行计量标定、调试,并定期进行校核。开机前要全面检查拌和楼各部位运转是否正常,如有问题应及时排除。

(14)拌和过程中,操作人员必须严格按照技术部门提供的配合比操作,不得随意更改配合比例,如配合比需调整,经监理认可、实验室通知方可变更。应严格控制沥青、集料的加热温度和沥青混合料的拌和温度,混合料温度检测要求采用标准温度计或经标定的数显插入式热电偶温度计。

(15)注意观测、检查混合料的均匀性,及时发现花白料、结团等异常现象,采取延长拌和时间,提高拌和温度等措施。不合格沥青混合料不允许出厂。

(16)每天以拌和机拌制的总数量校核沥青、粗集料、细集料及矿粉的用量,计算平均油石比、平均级配、平均摊铺厚度。

(17)每天拌和完成后,拌和楼的操作人员及修理人员要注意检修和保养拌和站设备。

(18)标定时,各种冷料仓所用集料的品种、规格、含水率应与施工所用一致。

(19)合理的沥青混合料拌和时间,一般情况下,拌和一锅混合料搅拌时间不少于40 s。以沥青能均匀裹覆矿料为宜,通过试验确定。

(20)校正热集料红外温度计确定热集料在料斗中实测温度与控制室仪表显示温度的差异。校正成品料的出料(红外)温度计确定成品料在料斗中实测温度与控制室仪表显示温度的差异。

为使温度稳定,要尽量保持热集料仓中的石料料位在2/3满仓配置。

现场人员每15 min检测一次成品温度;如超标则每3 min测一次,直到温度正常。

(21)单一规格的集料某项指标不合格,但不同粒径规格的材料按级配组成的集料混合料指标能符合规范要求时,允许使用。对受热易变质的集料,宜采用经拌和机烘干后的集料进行检验。

(22)在高速公路、一级公路、城市快速路、主干路沥青路面面层及抗滑磨耗层中所用石屑总量不宜超过天然砂或机制砂的用量。

(23)沥青混合料的矿粉只能采用憎水性碱性石料加工磨细制成,且必须有一定的细度,高速公路、一级公路的沥青面层不宜采用粉煤灰做填料。

(24)沥青混合料的配合比设计,应充分考虑施工性能,使沥青混合料容易摊铺和压实,避免造成严重的离析。

(25)对于高速公路和一级公路沥青路面的上面层和中面层的沥青混凝土混合料进行配合比时,应通过车辙试验机对抗车辙能力进行检验。在温度 60 ℃、轮压 0.7 MPa 条件下进行车辙试验的动稳定度,对高速公路应不小于 800 次/mm,对一级公路应不小于 600 次/mm。

(26)沥青碎石混合料的配合比设计应根据实践经验和马歇尔试验的结果,经过试拌试铺论证确定。

六、目标配合比与生产配合比的转换

在实际施工生产中,沥青拌和站的筛孔布置与试验时所处的目标配合比的筛孔尺寸不一致时,这就需要对实验室所出的目标配合比进行转换,这样才能使施工中沥青混合料的质量得以控制。

对不同的沥青混合料,拌和站的筛孔尺寸设置都不能相同,表 3-37 是拌和站的筛孔尺寸与实验室方孔筛的等效布置。

表 3-37　拌和站的筛孔尺寸与实验室方孔筛的等效布置

实验室孔径 （mm）	2.36	4.75	9.5	13.2	16	19	26.5
拌和站孔径 （mm）	3	6	11	15	19	22	28

现就此问题举例如下:试验时给出一个 AC-20C 型混合料的目标配合比,配合比给出 10~20 mm 碎石:5~10 mm 碎石:3~5 mm 碎石:0~3 mm 机制砂:矿粉 =26%:30%:25%:14%:5%,油石比为 4.3%;冷料仓皮带转速为 0~45 r/min。试确定冷料仓皮带转速。

假定拌和楼生产量为 400 t/h,目标配合比中油石比为 4.3%,其用油量为 4.3/(100+4.3)=4.1%,矿料用量为 400×(1-4.1%)=383.6 t。那 1# 冷料仓目标配合比中所需用量为 383.6×26%=99.7(t)。对 1# 冷料仓转速进行标定,设置 10 Hz 转速下生产 10 min,其产量为 10 t,其生产 99.7 t/h 需要的转速则为:1 Hz/min=10 t/10/10=0.1(t)　1 Hz/60 min=0.1×60=6(t),99.7 t/6 t=16.6 Hz,则最终确定转速为 16.6 Hz,依次类推,可以确定其余冷料仓的转速;而后我们分别对其热料仓的各级筛孔尺寸进行筛分,再进行级配;确定热料仓的比例。

经过以上步骤,就完成了实验室目标配合比到生产配合比的转换。而后对生产配合比进行各项性能指标的验证,最终确定混合料性能。

第四节　改性沥青混合料配合比报告案例

产品名称：下面层改性沥青混合料目标配合比设计

委托单位：　　　　　检验类别：　　　　　报告日期：

改性沥青混合料配合比检验报告

产品名称	下面层改性沥青混合料目标配合比设计	抽样地点	
工程名称		商标	
生产单位		产品号	
委托单位	××有限公司第××合同段	样品批次	
规格型号		样品等级	
检验类别		样品编号	
检验依据	JTG F40—2004 JTG E20—2011	样品数量	改性沥青： 1#—180 kg 集料： 2#（10～25 mm）—400 kg 3#（10～20 mm）—400 kg 4#（5～10 mm）—200 kg 5#（0～5 mm）石屑—100 kg 矿粉：6#—50 kg
检验项目	见后		
样品描述	见后		
主要仪器设备	见后	委托数量	
检验结论	原材料各项性能详见检验报告。 　　通过马歇尔配合比试验，高温稳定性检验及水稳性检验，确定下面层改性沥青混合料目标配合比为：10～25 mm：10～20 mm：5～10 mm：0～5 mm碎石：矿粉＝14%：40%：9%：32%：5%；混合料最佳油石比为4.1%，设计密度为2.460 g/cm³		
试验环境	温度：　　　　湿度：　　　　大气压：		
批准人	年　　月　　日　　审核人　　年　　月　　日		
主检人：			
备注：			

录入：　　　　　　　　校对：　　　　　　　　　　　　　　　日期：

改性沥青混合料配合比检验报告

试样名称及来源		SBS改性沥青，××物资有限公司	
样品编号		$1^{\#}-1$	
样品描述		样品由密封带盖的金属容器存放，无污染，数量符合检验要求	
检验依据		《公路工程沥青及沥青混合料试验规程》（JTG E20—2011）	
主要检测设备		ZR-3型针入度仪（编号：××）、YS-3型沥青延度仪（编号：××）、RH-2型沥青软化点仪（编号：××）	

检查结果		检验项目		
		要求	检验值	
针入度(100 g,5 s) (0.1 mm)	15 ℃	—	26.2	
	25 ℃	40~70	61.9	
	35 ℃	—	89.9	
相关系数 r		≥0.997	0.999 4	
针入度指数 PI		≥0	0.73	
5 ℃延度(5 cm/min)(cm)		≥25	38	
软化点(环球法)(℃)		≥90	93.5	
135 ℃运动黏度(Pa·s)		≤3	0.4	
闪点(COC)(℃)		≥260	296	
溶解度(三氯乙烯)(%)		≥99.0	99.77	
密度(15 ℃)(g/m³)		实测记录	1.024	
密度(25 ℃)(g/m³)		实测记录	1.021	
25 ℃弹性恢复(%)		≥95	99	
离析(48 h软化点差)(℃)		≤2.5	52.1	
质量变化		-1.0 ~ +1.0	-0.11	
TFOT (163 ℃,5 h)	25 ℃针入度比(%)	≥70	87	
	5 ℃延度比(5 cm/min)(cm)	≥20	30	

检验结论：送检改性沥青样品的离析(48 h软化点差)检验结果不满足SBS改性沥青的技术要求，其他指标满足要求，建议现场生产增强监控

备注：

试验：　　　　　复核：　　　　　审核：　　　　　日期：

改性沥青混合料配合比检验报告

试样名称及来源	SBS 改性沥青,×××物资有限公司		
样品编号	$1^{\#}-2$		
样品编号	$1^{\#}-2$		
样品描述	样品由密封带盖的金属容器存放,无污染,数量符合检验要求		
检验依据	《公路工程沥青及沥青混合料试验规程》(JTG E20—2011)		
主要检测设备	弯曲梁流变仪(编号××)、动态剪切流变仪(编号××)、压力老化测量仪(编号××)		
检验项目		检验结果		
		要求	检验值	
原样胶结料	闪点(℃)	≥230	296	
	运动黏度(Pa·s)	≤3.0	0.4	
	动态剪切 (kPa,76 ℃)	≥1.00	2.52	
	动态剪切 (kPa,82 ℃)	≥1.00	1.81	
RTFOT 后残留物	质量改变(%)	-1.00 ~ +1.00	-0.09	
	动态剪切 (kPa,76 ℃)	≥2.20	2.24	
	动态剪切 (kPa,82 ℃)	≥2.20	1.45	
	动态剪切 (kPa,28 ℃)	≤5 000	740.02	
	动态剪切 (kPa,25 ℃)	≤5 000	954.86	
PAV 后 残留物	蠕动劲度　S(MPa) (-18 ℃)	≤300.00 ≥0.300	198 0.323	
	蠕动劲度　S(MPa) (-24 ℃)	≤300.00 ≥0.300	204 0.366	

检验结论:SBS 改性沥青试样的性能等级检测结果满足 SBS 改性沥青技术指标要求

备注:

试验:　　　　　复核:　　　　　审核:　　　　　日期:

改性沥青混合料配合比检验报告

试样名称及来源	10～25 mm 碎石，××石料厂		
样品编号	2#		
样品描述	样品无杂质，无风化，数量符合检测要求		
检测依据	《公路工程集料试验规程》(JTG E42—2005)		
主要检测设备	标准筛、TD50001A 电子天平(编号：××)		
筛孔尺寸(mm)	通过质量百分率(%)	筛孔尺寸(mm)	通过质量百分率(%)
31.5	100	2.36	0.1
26.5	98.1	1.18	0.1
19	52.7	0.6	0.1
16	21.7	0.3	0.1
13.2	2.2	0.15	0.1
9.5	0.1	0.075	0.1
4.75	0.1	—	

检验结论：

备注：

试验：   复核：   审核：   日期：

改性沥青混合料配合比检验报告

试样名称及来源	10~20 mm 碎石,××石料厂		
样品编号	3#		
样品描述	样品无杂质,无风化,数量符合检测要求		
检测依据	《公路工程集料试验规程》(JTG E42—2005)		
主要检测设备	标准筛、电子天平(编号:××)		
筛孔尺寸(mm)	通过质量百分率(%)	筛孔尺寸(mm)	通过质量百分率(%)
26.5	100	2.36	0.1
19	98.6	1.18	0.1
16	91.8	0.6	0.1
13.2	64.6	0.3	0.1
9.5	13.7	0.15	0.1
4.75	0.1	0.075	0.1
检验结论:			
备注:			

试验:　　　　复核:　　　　审核:　　　　日期:

改性沥青混合料配合比检验报告

试样名称及来源	5～10 mm碎石,××石料厂		
样品编号	4#		
样品描述	样品无杂质,无风化,数量符合检测要求		
检测依据	《公路工程集料试验规程》(JTG E42—2005)		
主要检测设备	标准筛、电子天平(编号:××)		
筛孔尺寸(mm)	通过质量百分率(%)	筛孔尺寸(mm)	通过质量百分率(%)
13.2	100	0.6	0.2
9.5	99.7	0.3	0.2
4.75	26.3	0.15	0.2
2.36	0.2	0.075	0.2
1.18	0.2		

检验结论:

备注:

试验:　　　　复核:　　　　审核:　　　　日期:

改性沥青混合料配合比检验报告

试样名称及来源	0~5 mm碎石,××石料厂		
样品编号	5#		
样品描述	样品无杂质,无风化,数量符合检测要求		
检测依据	《公路工程集料试验规程》(JTG E42—2005)		
主要检测设备	标准筛、电子天平(编号:××)		
筛孔尺寸 (mm)	通过质量 百分率(%)	筛孔尺寸 (mm)	通过质量 百分率(%)
9.5	100	0.6	31.4
4.75	97.5	0.3	15.6
2.36	68.8	0.15	9.0
1.18	48.7	0.075	3.9

检验结论:

备注:

试验:　　　　复核:　　　　审核:　　　　日期:

改性沥青混合料配合比检验报告

试样名称及来源		10～25 mm、10～20 mm、5～10 mm，××石料厂			
样品编号		2# 3# 4#			
样品描述		样品无杂质，无分化，数量符合检测要求			
检测依据		《公路工程集料试验规程》(JTG E42—2005)			
主要检测设备		压力试验机(编号:××)、洛杉矶磨耗仪(编号:××)、电子静水力学天平(编号:××)			
检验项目		项目要求		检验值		
				2#	3#	4#
		上面层	下面层	10～25 mm	10～20 mm	5～10 mm
表观相对密度		≥2.60	≥2.50	2.743	2.745	2.747
毛体积相对密度		—	—	2.699	2.681	2.654
吸水率(%)		≤2.0	≤2.0	0.59	0.99	1.27
针、片状颗粒含量(%)	>9.5 mm	≤15	≤15	13.9	13.3	
	<9.5 mm	≤20	≤20			10.3
<0.075 mm颗粒含量(%)		≤1	≤1	0.1	0.1	0.2
坚固性(%)		≤12	≤12	5		
压碎值(%)		≤24	≤26	19.1		
洛杉矶磨耗损失(%)		≤28	≤30	20.7		
软石含量(%)		≤3	≤5	2.5		
与SBS改性沥青的黏附性(级)		≥4	≥4	4		

检验结论:委托单位送碎石样品的以上检验结果满足上面层、下面层用粗集料质量技术要求

备注:

试验:　　　　复核:　　　　审核:　　　　日期:

改性沥青混合料配合比检验报告

试样名称及来源	0～5 mm石屑,××石料厂		
样品编号	5#		
样品描述	样品无杂质,无风化,数量符合检测要求		
检测依据	《公路工程集料试验规程》(JTG E42—2005)		
主要检测设备	容量瓶、砂当量仪(编号:××)		
检验项目	项目要求	检验值	
表观相对密度	≥2.50	2.765	
毛体积相对密度	—	—	
砂当量(%)	≥60	85	
坚固性(>0.3 mm部分)(%)	≤12	1	
检验结论:委托单位送石屑样品的以上检验结果满足沥青混合料面层用细集料的质量技术要求			
备注:			

试验:　　　　复核:　　　　审核:　　　　日期:

改性沥青混合料配合比检验报告

试样名称及来源	矿粉	自制	
样品编号	6#		
样品描述	样品无杂质，无风化，数量符合检测要求		
检测依据	《公路工程集料试验规程》(JTG E42—2005)		
主要检测设备	李氏比重瓶、标准筛		
检验项目	项目要求	检验值	
表观密度(g/cm³)	≥2.5	2.727	
含水率(%)	≤1	干燥	
外观	无团粒结块	无团粒结块	
亲水系数	<1	0.8	
塑性指数	<4	2.2	
加热安定性	实测记录	无明显变化	
粒度范围	<0.6 mm(%)	100	100
	<0.3 mm(%)	—	99.5
	<0.15 mm(%)	90~100	96.1
	<0.075 mm(%)	75~100	80.6

检验结论:委托单位送矿粉样品的以上检验结果满足沥青混合料面层用矿粉的质量技术要求

备注:

试验: 复核: 审核: 日期:

改性沥青混合料配合比检验报告

原材料名称及来源	10～25 mm、10～20 mm/5～10 mm 碎石，0～5 mm 石屑，×× 石料厂；SBS 改性沥青，×× 物资有限公司							混合料种类	下面层改性沥青混合料		
检验依据	《公路工程沥青及沥青混合料试验规程》(JTG E42—2005)										
主要检测设备	LQ-MJ 型马歇尔电动击实仪 (编号：××)、LQ-MW-5 型全自动马歇尔试验仪 (编号：××)、WTS0001S 电子静水力学天平 (编号：××)										

检验结果

矿料级配	油石比 (%)	试件密度 (g/cm³)	理论密度 (g/cm³)	矿料间隙率 (%)	孔隙率 (%)	沥青饱和度 (%)	稳定度 (kN)	流值 (0.1 mm)	残留稳定度 (%)	试件尺寸 (mm) 直径	试件尺寸 (mm) 高度
10～25 mm：10～20 mm：5～10 mm：0～5 mm 碎石：矿粉＝14%：40%：9%：32%：5	3.2	2.412	2.609	13.73	7.5	45.1	13.8	2.53		101.6	63.3
	3.7	2.445	2.590	12.98	5.6	56.9	16.57	3.09		101.6	63.4
	4.2	2.470	2.571	12.52	3.9	68.5	15.57	3.57		101.6	62.9
	4.7	2.463	2.553	13.19	3.5	73.2	13.80	3.22		101.6	63.4
	5.2	2.457	2.535	13.81	3.1	77.6	10.96	3.59		101.6	63.2
相应油石比 (OAC) 的各项指标值	4.1	2.460	2.575	12.8	4.5	65.1	16.08	3.42	89.9	—	—
项目要求	—	—	—	≥12.5	3～5	65～75	≥10	2～4	≥85	—	—

检验结论：马歇尔试验检测结果满足沥青混合料马歇尔试验的技术要求

备注：混合料拌和温度：180 ℃，击实温度 160～165 ℃，击实次数 75×2

试验：　　　　　　　　复核：　　　　　　　　审核：　　　　　　　　日期：

改性沥青混合料配合比检验报告

混合料矿料级配	10 ~ 25 mm: 10 ~ 20 mm: 5 ~ 10 mm: 0 ~ 5 mm 碎石: 矿粉 = 14%: 40%: 9%: 32%: 5%				
混合料种类	下面层改性沥青混合料		油石比		4.1%
检验依据	《公路工程集料试验规程》(JTG E42—2005)				
主要检验设备	CZ－5 自动车辙试验仪(编号:××)				
成型方法	检验条件				
	成型温度		试验温度		轮压
碾压成型	160 ~ 165 ℃		60 ℃		0.7 MPa
	检验结果				
编号	45 min 变形 (mm)	60 min 变形 (mm)	动稳定度 DS(次/mm)		项目要求 (次/mm)
			单值	平均值	
1	1.688 6	1.752 1	9 921		
2	0.968 3	1.046 4	8 067	>6 000	≥2 500
3	1.124 5	1.202 7	8 056		
变异系数 (%)	12.4				

检验结论:下面层改性沥青混合料车辙试验动稳定度满足下面层沥青混合料动稳定度的技术

备注:混合料密度为 2.411 g/cm³

试验:　　　　复核:　　　　　审核:　　　　　日期:

改性沥青混合料配合比检验报告

混合料矿料级配	10 ~ 25 mm：10 ~ 20 mm：5 ~ 10 mm：0 ~ 5 mm 碎石：矿粉 = 14%：40%：9%：32%：5%		
混合料种类	下面层改性沥青混合料	油石比	4.1%
检验依据	《公路工程集料试验规程》（JTG E42—2005）		
主要检验设备	自动马歇尔试验仪（编号：××）		
成型方法	检验条件		
	检验温度	试件标准尺寸	加载速率
马歇尔击实法 50×2	25 ℃	ϕ101.6 mm×63.5 mm	50 mm/min
检验项目	检验结果		
	项目要求	检验值	试验方法
劈裂抗拉强度（MPa）	—	0.868	T0729—2000
冻融劈裂抗拉强度（MPa）	—	0.777	T0729—2000
冻融劈裂试验的残留强度比 TSR(%)	≥80	89.6	T0729—2000

检验结论：下面层改性沥青混合料冻融劈裂试验的残留强度比满足下面层沥青混合料水稳定性检验的技术要求

备注：

试验：   复核：   审核：   日期：

第二篇　土木工程混合料结构物的质量评定

土木工程混合料结构物质量检测常用仪器实景图

钢砧

回弹仪率定

指针式回弹仪

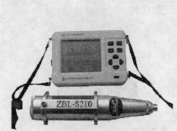
数显式回弹仪

超声波检测仪

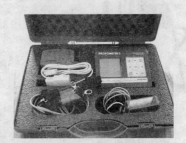
钢筋保护层测厚仪

低应变桩基测定仪

激光构造深度测定仪

落锤式弯沉仪　　　　　　地质雷达测厚仪　　　　　　锚杆拉拔仪

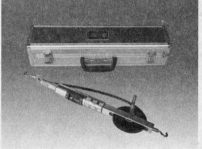

核子密度仪　　　　　　收敛计　　　　　灌砂筒、标定罐、基板

钻芯取样机　　　　摆式摩擦系数测定仪　　　　路面渗水仪

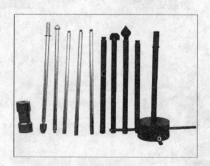

平整度测定仪　　　　　　　　触探仪

第四章 水泥混凝土与砂浆强度的质量评定

第一节 普通混凝土与砂浆抗压强度的评定

• **技术标准:**《混凝土强度检验评定标准》(GB/T 50107—2010)

《建筑砂浆基本性能试验方法标准》(JGJ/T 70—2009)

《公路工程质量检验评定标准》(JTG F80/1—2004)

一、评定方法

按现行国家标准《混凝土强度检验评定标准》(GB/T 50107—2010)的规定,混凝土强度应分批进行检验评定。一个验收批的混凝土应由强度等级相同、龄期相同以及生产工艺条件和配合比基本相同的混凝土组成。

(一)统计方法评定

1. 已知标准差方法

当混凝土生产条件在较长时间内能保持一致,且同一品种混凝土的强度变异性能保持稳定时,应由连续的三组试件组成一个验收批,其强度应同时满足下列要求。

$$m_{f_{cu}} \geq f_{cu,k} + 0.7\sigma_0 \tag{4-1}$$

$$f_{cu,min} \geq f_{cu,k} - 0.7\sigma_0 \tag{4-2}$$

检验批混凝土立方体抗压强度的标准差应按下式计算

$$\sigma_0 = \sqrt{\frac{\sum_{i=1}^{n} f_{cu,i}^2 - n m_{f_{cu}}^2}{n-1}} \tag{4-3}$$

当混凝土强度等级不高于 C20 时,其强度的最小值尚应满足式(4-4)的要求

$$f_{cu,min} \geq 0.85 f_{cu,k} \tag{4-4}$$

当混凝土强度等级高于 C20 时,其强度的最小值尚应满足式(4-5)的要求

$$f_{cu,min} \geq 0.9 f_{cu,k} \tag{4-5}$$

式中　$m_{f_{cu}}$——同一检验批混凝土立方体抗压强度的平均值,N/mm^2,精确至 0.1 N/mm^2;

$f_{cu,k}$——混凝土立方体抗压强度标准值,N/mm^2,精确至 0.1 N/mm^2;

σ_0——检验批混凝土立方体抗压强度的标准差,N/mm^2,精确至 0.01 N/mm^2,当检验批混凝土强度标准差 σ_0 计算值小于 2.5 N/mm^2 时,应取 2.5 N/mm^2;

$f_{cu,i}$——前一个检验期内同一品种、同一强度等级的第 i 组混凝土试件的立方体抗压强度代表值,N/mm^2,精确至 0.1 N/mm^2,该检验期不应少于 60 d,也不得大于 90 d;

n——前一检验期内的样本容量,在该期间内样本容量不应少于 45;

$f_{\text{cu,min}}$——同一检验批混凝土立方体抗压强度最小值，N/mm^2，精确至 0.1 N/mm^2。

2. 未知标准差方法

当混凝土生产条件不能满足前述规定，或在前一个检验期间内的同一品种混凝土没有足够的数据用以确定验收批混凝土强度的标准差时，应由不少于 10 组试件组成一个验收批，其强度应同时满足式(4-6)和式(4-7)的要求

$$m_{fcu} \geqslant f_{\text{cu,k}} + \lambda_1 S_{f_{cu}} \tag{4-6}$$

$$f_{\text{cu,min}} \geqslant f_2 f_{\text{cu,k}} \tag{4-7}$$

同一检验批混凝土立方体抗压强度的标准差应按下式计算

$$S_{f_{cu}} = \sqrt{\frac{\sum_{i=1}^{n} f_{\text{cu},i}^2 - m_{f_{cu}}^2}{n-1}} \tag{4-8}$$

式中　$S_{f_{cu}}$——同一检验批混凝土立方体抗压强度的平均值，N/mm^2，精确至 0.01 N/mm^2，当检验批混凝土强度标准差 $S_{f_{cu}}$ 计算值小于 2.5 N/mm^2 时，应取 2.5 N/mm^2；

　　　　λ_1、λ_2——合格判断系数，按表 4-1 取用；

　　　　n——本检验期内的样本容量。

表 4-1　混凝土强度的合格判断系数

试件组数	10 ~ 14	15 ~ 19	≥20
λ_1	1.15	1.05	1.60
λ_2	0.90	0.85	

（二）非统计方法评定

当试件小于 10 组，按非统计方法评定混凝土强度时，其所保留强度应同时满足式(4-9)和式(4-10)的要求。

$$\bar{f}_{cu} \geqslant \lambda_3 f_{\text{cu,k}} \tag{4-9}$$

$$f_{\text{cu,min}} \geqslant \lambda_4 f_{\text{cu,k}} \tag{4-10}$$

式中　λ_3、λ_4——合格评定系数，如表 4-2 所示。

表 4-2　混凝土强度等级的非统计合格评定系数

混凝土强度等级	< C60	≥C60
λ_3	1.15	1.10
λ_4	0.95	

二、合格性判断

当检验结果能满足上述规定时，则该批混凝土强度判为合格；当不满足上述规定时，则该批混凝土强度判为不合格。

由不合格批混凝土制成的结构或试件，应进行鉴定。对不合格的结构或试件必须及时处理。

当对混凝土试件强度的代表性有怀疑时,可采用从结构或试件中钻取试件的方法或采用非破损检验方法,按国家现行有关标准的规定对结构或试件中混凝土的强度进行鉴定。

三、水泥混凝土抗压强度制取组的确定

评定水泥混凝土的抗压强度,应以标准养生 28 d 龄期的试件为准。试件为边长 150 mm 的立方体。试件 3 个为 1 组,制取组数应符合下列规定:

(1)不同强度等级及不同配合比的混凝土应在浇筑地点或拌和地点分别随机制取试件。

(2)浇筑一般体积的结构物(如基础、墩(台)等)时,每一单元结构物应制取 2 组。

(3)连续浇筑大体积结构时,每 80~200 m³ 或每一工作班应制取 2 组。

(4)上部结构,主要构件长 16 m 以下应制取 1 组,16~30 m 制取 2 组,31~50 m 制取 3 组,50 m 以上者不少于 5 组。小型构件每批或每工作班至少应制取 2 组。

(5)每根钻孔桩至少应制取 2 组;桩长 20 m 以下者不少于 3 组;桩径大、浇筑时间很长时,不少于 4 组。如换工作班,每工作班应制取 2 组。

(6)构筑物(小桥涵、挡土墙)每座、每处或每工作班制取不少于 2 组。当原材料和配合比相同并由同一拌和站拌制时,可几座或几处合并制取 2 组。

(7)应根据施工需要,另制取几组与结构物同条件养生的试件,作为拆模、吊装、张拉预应力、承受荷载等施工阶段的强度依据。

四、喷射混凝土抗压强度制组的确定

(1)喷射混凝土抗压强度是指在喷射混凝土板件上,切割制取边长为 100 mm 的立方体试件,在标准养护条件下养生至 28 d,用标准试验方法测得的极限抗压强度,乘以 0.95 的系数。

(2)双车道隧道每 10 延米,至少在拱脚部和边墙各取 1 组(3 个)试件。

其他工程,每喷射 50~100 m 混合料或小于 50 m 混合料的独立工程,不得少于 1 组。

材料或配合比变更时需重新制取试件。

喷射混凝土试件的尺寸、强度评定方法均不同于水泥混凝土非数理统计评定。

五、水泥砂浆强度制组的确定

(1)评定水泥砂浆的强度,应以标准养生 28 d 的试件为准。试件为边长 70.7 mm 的立方体。试件 3 个为 1 组,制取组数应符合下列规定:

①不同强度等级及不同配合比的水泥砂浆应分别制取试件,试件应随机制取,不得挑选。

②重要及主体砌筑物,每工作班制取 2 组。

③一般及次要砌筑物,每工作班可制取 1 组。

④拱圈砂浆应同时制取与砌体同条件养生试件,以检查各施工阶段强度。

(2)水泥砂浆强度的合格标准。

①同强度等级试件的平均强度不低于设计强度等级。

②任意一组试件的强度最低值不低于设计强度等级的 75%。

(3)实测项目中,水泥砂浆强度评为不合格时相应分项工程为不合格。

第二节 桥涵混凝土与预应力混凝土构件检测项目与评定

- **技术标准**:《公路工程检验评定标准》(JTG F80/1—2004)

  《公路桥涵施工技术规范》(JTG F50—2011)

一、桥梁部分实测项目、规定值、检查方法和频率

(一)桥梁总体实测

桥梁总体实测项目见表4-3。

表4-3 桥梁总体实测项目

项次	检查项目		规定值或允许偏差	检查方法和频率	权值
1	桥面中线偏位(mm)		20	全站仪或经纬仪:检查3~8处	2
2	桥宽(mm)	车行道	±10	尺量:每孔3~5处	2
		人行道	±10		
3	桥长(mm)		+300,-100	全站仪或经纬仪、钢尺:检查中心线	1
4	引道中线与桥梁中线的衔接(mm)		20	尺量:分别将引道中心线和桥梁中心线延长至两岸桥长端部,比较其平面位置	2
5	桥头高程衔接(mm)		±3	水准仪:在桥头搭板范围内顺延桥面纵坡,每米1点测量标高	2

(二)钢筋和预应力加工、张拉、安装

钢筋安装实测项目见表4-4。

钢筋混凝土桥常见钢筋加工安装和质量见图4-1。

表4-4 钢筋安装实测项目

项次	检查项目			规定值或允许值	检查方法和频率	权值
1	受力钢筋间距(mm)	两排以上排距		±5	尺量:每构件检查2个断面	3
		同排	梁、板、拱肋	±10		
			基础、锚碇、墩(台)、柱	±20		
		灌注桩		±20		
2	箍筋、横向水平钢筋、螺旋筋间距(mm)			±10	尺量:每构件检查5~10个间距	2
3	钢筋骨架尺寸(mm)	长		±10	尺量:按骨架总数的30%	1
		宽、高或直径		±5	尺量:按骨架总数的30%	1
4	弯起钢筋位置(mm)			±20	尺量:每骨架抽查30%	2

项次	检查项目		规定值或允许值	检查方法和频率	权值
5	保护层厚度（mm）	柱、梁、拱肋	±5	尺量:每构件沿模板周边检查 8 处	3
		基础、锚碇、墩台	±10		
		板	±3		

注:1. 小型构件的钢筋安装按总数抽查 30%。

2. 在海水或腐蚀环境中,保护层厚度不应出现负值。

(a) 承台钢筋实景图

(b) 桩基础钢筋笼实景图

(c) 桥墩钢筋骨架实景图

图 4-1　钢筋混凝土桥常见钢筋加工安装实景图

钢筋网、预制桩钢筋安装实测项目分别见表 4-5、表 4-6。

表 4-5　钢筋网实测项目

项次	检查项目	规定值或允许偏差	检查方法和频率	权值
1	网的长、宽(mm)	±10	尺量:全部	1
2	网眼尺寸(mm)	±10	尺量:检查 3 个网眼	1
3	对角线差(mm)	15	尺量:检查 3 个网眼对角线	1

表 4-6   预制桩钢筋安装实测项目

项次	检查项目	规定值或允许偏差	检查方法和频率	权值
1	纵钢筋间距(mm)	±5	尺量:抽查3个断面	3
2	箍筋、螺旋筋间距(mm)	±10	尺量:抽查5个断面	2
3	纵向钢筋保护层厚度(mm)	±5	尺量:抽查3个断面,每个断面4处	3
4	桩顶钢筋网片位置(mm)	±5	尺量:每桩	1
5	桩尖纵向钢筋位置(mm)	±5	尺量:每桩	1

注:在海水或腐蚀环境中,保护层厚度不应出现负值。

钢丝、钢绞线先张法实测项目见表4-7。

表 4-7   钢丝、钢绞线先张法实测项目

项次	检查项目		规定值或允许偏差	检查方法和频率	权值
1	墩头钢丝同束长度相对差(mm)	$L > 20$ m	$L/5\,000$ 及 5	尺量:每批抽查2束	2
		6 m $\leqslant L \leqslant 20$ m	$L/3\,000$		
		$L < 6$ m	2		
2	张拉应力值		符合设计要求	查油压表读数,每束	3
3	张拉伸长率		符合设计规定,设计未规定时为 ±6%	尺量:每束	3
4	同一构件内断丝根数不超过钢丝总数的百分数		1%	目测:每根(束)检查	3

预应力钢筋的加工与张拉基本要求:

(1)预应力筋的各项技术性能必须符合国家现行标准规定和设计要求。

(2)预应力束中的钢丝、钢绞线应梳理顺直,不得有缠铰、扭麻花现象,表面不应有损伤。

(3)单根钢绞丝不允许断丝,单根钢筋不允许断筋或滑移。

(4)同一截面预应力筋接头面积不超过预应力筋总面积的25%,接头质量应满足施工技术规范的要求。

(5)预应力筋张拉或放张时,混凝土强度和龄期必须符合设计要求,应严格按照设计规定的张拉顺序进行操作。

(6)预应力钢丝采用墩头锚时,墩头应头形圆整,不得有歪斜或破裂现象。

(7)制孔管道应安装牢固,接头密合,弯曲圆顺。锚垫板平面应与孔道轴线垂直。

(8)千斤顶、油表、钢尺等器具应经检验校正。

(9)锚具、夹具和连接器应符合设计要求,按施工技术规范的要求经检验合格后方可使用。

(10)压浆工作在5℃以下进行时,应采取防冻或保温措施。

(11)孔道压浆的水泥浆性能和强度应符合施工技术规范要求,压浆时排气孔、排水孔

应有水泥原浆溢出后方可封闭。

(12)应按设计要求浇筑封锚混凝土。

水泥混凝土桥梁后张法施工实景见图4-2、图4-3,水泥混凝土拱桥施工实景见图4-4,后张法实测项目见表4-8。

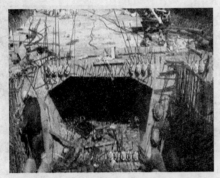 

图4-2　后张法连续箱梁实景图　　　　图4-3　后张法连续箱梁、钢筋、波纹管实景图

图4-4　水泥混凝土拱桥施工实景图

表4-8　后张法实测项目

项次	检查项目		规定值或允许偏差	检查方法和频率	权值
1	管道坐标 （mm）	梁长方向	±30	尺量:抽查30%,每根查10个点	1
		梁高方向	±10		
2	管道间距 （mm）	同排	10	尺量:抽查30%,每根查5个点	1
		上下层	10		
3	张拉应力值		符合设计要求	查油压表读数:全部	4
4	张拉伸长率		符合设计规定,设计 未规定时±6%	尺量:全部	3
5	断丝滑丝数	钢束	每束1根,且每断面不超过 钢丝总数的1%	目测:每根（束）	3
		钢筋	不允许		

二、桥梁砌体实体实测项目、规定值、检查方法和频率

石拱桥施工见图4-5,锥坡砌体、侧墙施工实景见图4-6。拱圈及侧墙砌体实测项目见表4-9、表4-10。

图4-5　石拱桥施工实景图

图4-6　锥坡砌体、侧墙砌体施工实景图

表4-9　拱圈砌体实测项目

项次	检查项目		规定值或允许偏差	检查方法和频率	权值
1	砂浆强度(MPa)		在合格标准内	按水泥砂浆强度评定检查	3
2	砌体外侧平面偏位(mm)	无镶面	+30,-10	经纬仪:检查拱脚、拱顶、1/4跨共5处	1
		有镶面	+20,-10		
3	拱圈厚度(mm)		+30,-0	尺量:检查拱脚、拱顶、1/4跨共5处	2
4	相邻镶面石砌块表层错位(mm)	料石、混凝土预制块	3	拉线用尺量:检查3~5处	1
		块石	5		
5	内弧线偏离设计弧线(mm)	跨径≤30 m	±20	水准仪或尺量:检查拱脚、拱顶、1/4跨共5处高程	2
		跨径>30 m	±1/1 500 跨径		
		极值	拱腹四分点:允许偏差的2倍且反向		

注:项次2平面偏位向外为"+",向内为"-",下同。

表4-10　侧墙砌体实测项目

项次	检查项目		规定值或允许偏差	检查方法和频率	权值
1	砂浆强度(MPa)		在合格标准内	按水泥砂浆强度评定检查	3
2	外侧平面偏位(mm)	无镶面	+30,-10	经纬仪:抽查5处	1
		有镶面	+20,-10		
3	宽度(mm)		+40,-10	尺量:检查5处	2
4	顶面高程(mm)		±10	水准仪:检查5点	2

项次	检查项目		规定值或允许偏差	检查方法和频率	权值
5	竖直度或坡度(%)	片石砌体	0.5	吊垂线:每侧墙面检查 1~2 处	1
		块石、粗料石、混凝土块镶面	0.3		

三、桥梁基础实体实测项目、规定值、检查频率

(一)钢筋混凝土扩大基础基本要求

(1)所用的水泥、砂、石、水、外掺剂及混合材料的质量和规格必须符合有关规范的要求,按规定的配合比施工。

(2)不得出现漏筋和空洞现象。

(3)基础的地基承载力必须满足设计要求。

(4)严禁超挖回填虚土。

扩大基础实测项目见表 4-11。

表 4-11　扩大基础实测项目

项次	检查项目		规定值或允许偏差	检查方法和频率	权值
1	混凝土强度(MPa)		在合格标准内	按水泥混凝土抗压强度评定检查	3
2	平面尺寸(mm)		±50	尺量:长、宽各检查 3 处	2
3	基础地面高程 (mm)	土质	±50	水准仪:测量 5~8 点	2
		石质	±50		
4	基础顶面高程(mm)		±30	水准仪:测量 5~8 点	1
5	轴线偏位(mm)		25	全站仪或经纬仪:纵、横各检查 2 点	2

(二)钻孔灌注桩基本要求

(1)桩身混凝土所用的水泥、砂、石、水、外掺剂及混合材料的质量和规格必须符合有关规范的要求,按规定的配合比施工。

(2)成孔后必须清孔,测量孔径、孔深、孔位和沉淀层厚度,确认满足设计或施工技术规范要求后,方可灌注水下混凝土。

(3)水下混凝土应连续灌注,严禁有夹层或段桩。

(4)嵌入承台的锚固钢筋长度不得小于设计规范规定的最小锚固长度要求。

(5)应选择有代表性的桩用无破损法进行检测,重要工程或重要部位的桩宜逐根进行检测。设计有规定或对桩的质量有怀疑时,应采取钻取芯样法对桩进行检测。

(6)凿除桩头预留混凝土后,桩顶应无残余的松散混凝土。

钻孔灌注桩施工实景见图 4-7、图 4-8。

钻孔灌注桩实测项目见表 4-12。

图4-7　桩基础施工实景图

图4-8　钻孔灌注桩浇筑施工实景

表4-12　钻孔灌注桩实测项目

项次	检查项目			规定值或允许偏差	检查方法和频率	权值
1	混凝土强度（MPa）			在合格标准内	按水泥混凝土抗压强度评定检查	3
2	桩位（mm）	群桩		100	全站仪或经纬仪：每桩检查	2
		排架桩	允许	50		
			极值	100		
3	孔深（m）			不小于设计	测绳量：每桩测量	3
4	孔径（mm）			不小于设计	探孔器：每桩测量	3
5	钻孔倾斜度（mm）			1%桩长，且不大于500	用测壁（斜）仪或钻杆垂线法：每桩检查	1
6	沉淀厚度（mm）	摩擦桩		符合设计规定，设计未规定时按施工规范要求	沉淀盒或标准测锤：每桩检查	2
		支承桩		不大于设计规定		
7	钢筋骨架底面高程（mm）			±50	水准仪：测每桩骨架顶面高程后反算	1

（三）挖孔桩的基本要求

（1）桩身混凝土所用的水泥、砂、石、水、外掺剂及混合材料的质量和规格必须符合有关规范的要求，按规定的配合比施工。

（2）挖孔达到设计深度后，应及时进行孔底处理，必须做到无松渣、淤泥等扰动软土层，使孔底情况满足设计要求。

（3）嵌入承台的锚固钢筋不得小于设计规范规定的最小锚固长度要求。

挖孔桩施工实景见图4-9、图4-10。

挖孔桩实测项目见表4-13。

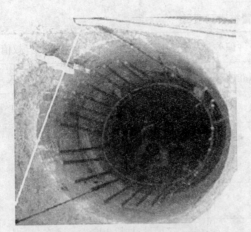

图 4-9　挖孔桩俯视施工实景图

图 4-10　挖孔桩成孔洞口施工实景图

表 4-13　挖孔桩实测项目

项次	检查项目			规定值或允许偏差	检查方法和频率	权值
1	混凝土强度(MPa)			在合格标准内	按水泥混凝土抗压强度评定	3
2	桩位(mm)	群桩		100	全站仪或经纬仪:每桩检查	2
		排架桩	允许	50		
			极值	100		
3	孔深(m)			不小于设计值	测绳量:每桩测量	3
4	孔径(m)			不小于设计值	探孔器:每桩测量	3
5	孔的倾斜度(mm)			0.5%桩长,且不大于200	垂线法:每桩检查	1
6	钢筋骨架底面高程(mm)			±50	水准仪测骨架顶面高程后反算:每桩检查	1

(四)预制管桩基本要求

预制管桩施工实景见图 4-11、图 4-12,实测项目见表 4-14。

图 4-11　预制管桩实景图

图 4-12　预制管桩入基施工实景图

表 4-14　预制管桩实测项目

项次	检查项目		规定值或允许偏差	检查方法和频率	权值
1	混凝土强度（MPa）		在合格标准内	按水泥混凝土抗压强度评定检查	3
2	长度（mm）		±50	尺量：每桩检查	1
3	横截面（mm）	桩的边长	±5	尺量：每预制件检查 2 个断面，检查 10%	2
		空心桩空心（管芯）直径	±5		
		空心中心与中心偏差	±5		
4	桩尖对桩的纵轴线（mm）		10	尺量：抽检 10%	1
5	桩纵轴线弯曲矢高（mm）		0.1%桩长，且不大于 20	沿桩长拉线量，取最大矢高：抽查 10%	1
6	桩顶面与桩纵轴线倾斜偏差（mm）		1%桩径或边长，且不大于 3	角尺：抽检 10%	1
7	接桩的接头平面与桩轴平面垂直度		0.5% tanθ	角尺：抽检 20%	1

注：θ 为斜桩轴线与垂线间的夹角。

地下连续墙预制管桩基本要求如下：

（1）混凝土桩所用的水泥、砂、石、水、外掺剂及混合材料的质量和规格必须符合有关规范的要求，按规定的配合比施工。

（2）混凝土预制桩必须按照表 4-15 检验合格后，方可沉桩。

地下连续墙实测项目见表 4-16，施工实景图见图 4-13。

表 4-15　沉桩实测项目

项次	检查项目			规定值或允许偏差	检查方法和频率	权值
1	桩位（mm）	群桩	中间桩	$d/2$ 且不大于 250	全站仪或经纬仪：检查 20%	2
			外缘桩	$d/4$		
		排架桩	顺桥方向	40		
			垂直桥轴方向	50		
2	桩尖高程（mm）			不高于设计规定	水准仪测桩顶面高程后反算：每桩检查	3
	贯入度（mm）			小于设计规定	与控制贯入度比较：每桩检查	
3	倾斜度	直桩		1% tanθ	垂直法：每桩检查	2

注：1. d 为桩径或短边长度。

2. 深水中采用打桩船沉桩时，允许偏差应符合设计规定。

3. 当贯入度符合设计规定但桩尖高程未达到设计高程，应按施工技术规范的规定进行检验，并得到设计认可时，桩尖高程为合格。

表 4-16　地下连续墙实测项目

项次	检查项目	规定值或允许偏差	检查方法和频率	权值
1	混凝土强度(MPa)	在合格标准内	按水泥混凝土抗压强度评定检查	3
2	轴线位置(mm)	30	全站仪或经纬仪:每槽段测2处	1
3	倾斜度(mm)	0.5%墙身	测壁(斜)仪或垂线法:每槽段测1处	1
4	沉淀厚度	符合设计要求	沉淀盒或标准锤:每槽段测1处	2
5	外形尺寸(mm)	+30,-0	尺量:检查1个断面	1
6	顶面高程(mm)	±10	水准仪:每槽段测1~2处	1

(五)沉桩基本要求

(1)钢管桩的材料规格、外形尺寸和防护应符合设计和施工技术规范的要求。

(2)用射水法沉桩,当桩尖接近设计高程时,应停止射水,用锤击或振动使桩达到设计高程。

(3)桩的接头质量应符合设计要求。

沉桩施工实景见图4-14。

图 4-13　地下连续墙施工实景图

图 4-14　沉桩施工实景图

(六)承台的基本要求

(1)承台所用的水泥、砂、石、水、外掺剂及混合材料的质量和规格必须符合有关规范的要求,按规定的配合比施工。

(2)必须采取措施控制水化热引起的混凝土内最高温度及内外温差在允许范围内,防止出现温度裂缝。

(3)不得出现漏筋或空洞现象。

承台实测项目见表4-17,承台施工实景见图4-15。

表 4-17　承台实测项目

项次	检查项目	规定值或允许偏差	检查方法和频率	权值
1	混凝土强度(MPa)	在合格标准内	按水泥混凝土抗压强度评定检查	3

项次	检查项目	规定值或允许偏差	检查方法和频率	权值
2	尺寸(mm)	±30	用尺量长、宽、高各2点	1
3	顶面高程(mm)	±20	用水准仪测量5点	2
4	轴线偏位(mm)	15	用经纬仪或全站仪测量纵、横各2点	2

图 4-15　钢筋水泥混凝土承台实景图

四、墩(台)身、盖梁实测项目、规定值、检查方法和频率

(1)混凝土所用的水泥、砂、石、水、外掺剂及混合材料的质量和规格必须符合有关规范的要求,按规定的配合比施工。

(2)不得出现空洞和漏筋现象。

桥墩、桥台施工实景见图 4-16,支座垫石、挡块、支座安装实测项目见表 4-18 ~ 表 4-20,墩(台)身实测项目见表 4-21,盖梁支座安装、垫石、挡块施工全景见图 4-17。

图 4-16　桥墩、桥台实景图

表 4-18　支座垫石实测项目

项次	检查项目	规定值或允许偏差	检查方法和频率	权值
1	混凝土强度(MPa)	在合格标准内	按水泥混凝土抗压强度评定检查	3
2	轴线偏位(mm)	5	全站仪或经纬仪:支座垫石纵、横方向检查	2
3	断面尺寸(mm)	±5	尺量:检查1个断面	2
4	顶面高程(mm)	±2	水准仪:检查中心及四角	2
	顶面四角高差(mm)	1		
5	预埋件位置(mm)	5	尺量:每件	1

表 4-19　挡块实测项目

项次	检查项目	规定值或允许偏差	检查方法和频率	权值
1	混凝土强度(MPa)	在合格标准内	按水泥混凝土抗压强度评定检查	3
2	平面位置(mm)	5	全站仪或经纬仪:每块检查	2
3	断面尺寸(mm)	±10	尺量:每块检查 1 个断面	2
4	顶面高程(mm)	±10	水准仪:每块检查一处	1
5	与梁体间隙(mm)	±5	尺量:每块检查	1

表 4-20　支座安装实测项目

项次	检查项目	规定值或允许偏差	检查方法和频率	权值
1	支座中心横桥向偏位(mm)	2	经纬仪、钢尺:每支座	3
2	支座顺桥向偏位(mm)	10	经纬仪或拉线检查:每支座	2
3	支座高程(mm)	符合设计规定;设计未规定时,取 ±5	水准仪:每支座	3
4	支座四角高差(mm)　承压力≤500 kN	1	水准仪:每支座	2
	支座四角高差(mm)　承压力>500 kN	2		

表 4-21　墩(台)身实测项目

项次	检查项目	规定值或允许偏差	检查方法和频率	权值
1	混凝土强度(MPa)	在合格标准内	按水泥混凝土抗压强度评定检查	3
2	断面尺寸(mm)	±20	尺量:检查 3 个断面	2
3	竖直度或斜度(mm)	$0.3\%H$ 且不大于 20	吊垂线或经纬仪:测量 2 点	2
4	顶面高程(mm)	±10	水准仪:测量 3 处	2
5	轴线偏位(mm)	10	全站仪或经纬仪:纵、横各测量 2 点	2
6	节段间错台(mm)	5	尺量:每节检查 4 处	1
7	大面积平整度(mm)	5	2 m 直尺:检查竖直、水平两个方向,每 220 m 测 1 处	1
8	预埋件位置(mm)	符合设计规定,设计未规定时:10	尺量:每件	1

注:H 为墩(台)身高度。

(a) 桥墩盖梁实景

(b) 支座安装施工实景

(c) 盖梁支座垫石实景

(d) 盖梁支座挡块实景

图 4-17　盖梁施工实景图

柱或双壁墩身实测项目见表 4-22。

表 4-22　柱或双壁墩身实测项目

项次	检查项目	规定值或允许偏差	检查方法和频率	权值
1	混凝土强度(MPa)	在合格标准内	按水泥混凝土抗压强度评定检查	3
2	相邻间距(mm)	±20	尺或全站仪测量:检查顶、中、底 3 处	1
3	竖直度(mm)	0.3% H 且不大于 20	吊垂线或经纬仪:测量 2 点	2
4	柱(墩)顶高程(mm)	±10	水准仪:测量 3 处	2
5	轴线偏位(mm)	10	全站仪或经纬仪:纵、横各测量 2 点	2
6	断面尺寸(mm)	±15	尺量:检查 3 个断面	1
7	节段间错台(mm)	3	尺量:每节检查 2~4 处	1

注: H 为墩身或柱高度。

墩(台)帽或盖梁实测项目见表 4-23。

表 4-23　墩(台)帽或盖梁实测项目

项次	检查项目	规定值或允许偏差	检查方法和频率	权值
1	混凝土强度(MPa)	在合格范围内	按水泥混凝土抗压强度评定检查	3
2	断面尺寸(mm)	±20	尺量:检查 3 个断面	2
3	轴线偏位(mm)	10	全站仪或经纬仪:纵、横各测量 2 点	2
4	顶面高程(mm)	±10	水准仪:检查 3~5 点	2
5	支座垫石预留位置(mm)	10	尺量:每个	1

五、梁(板)实测项目、规定值检验办法和频率

预制和安装梁(板)的基本要求如下:

(1)所用的水泥、砂、石、水、外掺剂及混合材料的质量和规格必须符合有关规范的要

求,按规定的配合比施工。

(2)梁(板)不得出现漏筋或空洞现象。

(3)空心板采用胶囊施工时,应采取有效措施防止胶囊上浮。

(4)梁(板)在吊移出预制底座时,混凝土的强度不得低于设计所要求的吊装强度;梁(板)在安装时,支撑结构(墩(台)、盖梁、垫石)的强度应符合设计要求。

(5)梁(板)安装前,墩(台)、支座垫板必须牢固。

(6)梁(板)就位后,梁两端支座应对位,梁(板)底与支座以及支座底与垫石顶须密贴,否则应重新安装。

(7)两(梁)板之间接缝填充材料的规格和强度应符合设计要求。

梁(板)预制施工实景见图4-18。梁(板)预制实测项目见表4-24。

预制梁顶推施工实景见图4-19(a)、施工原理见图4-19(b),实测项目见表4-25。

(a) 预制箱梁实景图

(b) 预制 T 型梁实景图

图 4-18　梁(板)预制施工实景

表 4-24　梁(板)预制实测项目

项次	检查项目			规定值或允许偏差	检查方法和频率	权值
1	混凝土强度等级(MPa)			在合格标准内	按水泥混凝土抗压强度评定检查	3
2	梁(板)长度(mm)			+5,−10	尺量:每梁(板)	1
3	宽度(mm)	干接缝(梁翼缘、板)		±10	尺量:检查3处	1
		湿接缝(梁翼缘、板)		±20		
		箱梁	顶宽	±30		
			底宽	±20		
4	高度(mm)	梁、板		±5	尺量:检查2个断面	1
		箱梁		+0,−5		
5	断面尺寸(mm)	顶板厚		+5,−0	尺量:检查2个断面	2
		底板厚		+5,−0		
		腹板或梁肋		+5,−0		
6	平整度(mm)			5	2 m直尺:每侧面每10 m 梁长测1处	1
7	横系梁及预埋件位置(mm)			5	尺量:每件	1

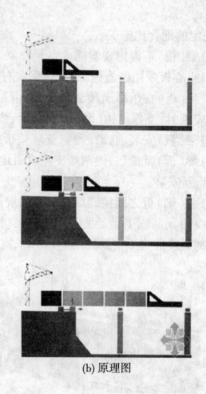

(a) 实景图　　　　　　　　　(b) 原理图

图 4-19　顶推施工

就地浇筑梁(板)的基本要求如下:

(1)所用的水泥、砂、石、水、外掺剂及混合材料的质量和规格必须符合有关规范的要求,按规定的配合比施工。

表 4-25　顶推施工梁实测项目

项次	检查项目		规定值或允许偏差	检查方法和频率	权值
1	轴线偏位(mm)		10	全站仪或经纬仪:每段检查2处	2
2	落梁反力		符合设计规定;设计未规定时不大于1.1倍的设计反力	用千斤顶油压计算:检查全部	3
3	支点高差(mm)	相邻纵向支点	符合设计规定;设计未规定时不大于5	水准仪;检查全部	3
		同墩两侧支点	符合设计规定;设计未规定时不大于2		

(2)支架和模板的强度、刚度、稳定性应满足施工技术规范的要求。

(3)预计的支架变形及地基的下沉量应满足施工后梁体设计标高的要求,必要时应采取对支架预压的措施。

(4)梁(板)体不得出现漏筋和空洞现象。

(5)预埋件的设置和固定应满足设计和施工技术规范的要求。

就地浇筑梁(板)实测项目见表4-26。钢筋混凝土连续箱梁就地浇筑实景见图4-20。就地悬臂浇筑混凝土梁施工实景见图4-21,实测项目见表4-27。

表 4-26　就地浇筑梁(板)实测项目

项次	检查项目		规定值或允许偏差	检查方法和频率	权值
1	混凝土强度等级(MPa)		在合格标准内	按水泥混凝土抗压强度评定检查	3
2	轴线偏位(mm)		10	全站仪或经纬仪:测量3处	2
3	梁(板)顶面高程(mm)		±10	水准仪:检查3~5处	1
4	断面尺寸 (mm)	高度	+5,-10	尺量:每跨检查1~3个断面	2
		顶宽	±30		
		箱梁底宽	±20		
		顶、底、腹板或梁肋厚	+10,-0		
5	长度(mm)		+5,-10	尺量:每梁(板)	1
6	横坡(%)		±0.15	水准仪:每跨检查1~3处	1
7	平整度(mm)		8	2 m直尺:每侧面每10 m梁长测1处	1

图 4-20　钢筋混凝土连续箱梁就地浇筑(又名现浇)实景图

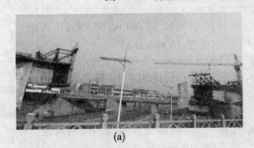

(a)　　　　　　　　　　　　(b)

图 4-21　钢筋水泥混凝土桥悬臂施工
(又名挂篮法施工)实景图

表 4-27　悬臂浇筑实测项目

项次	检查项目		规定值或允许偏差	检查方法和频率	权值
1	混凝土强度（MPa）		在合格标准内	按水泥混凝土抗压强度评定检查	3
2	轴线偏位（mm）	$L \leqslant 100$ m	10	全站仪或经纬仪：每个节段检查 2 处	2
		$L > 100$ m	$L/10\,000$		
3	顶面高程（mm）	$L \leqslant 100$ m	±20	水准仪：每个节段检查 2 处	2
		$L > 100$ m	$±L/5\,000$		
		相邻节段高差	10	尺量：检查 3~5 处	1
4	断面尺寸（mm）	高度	+5，−10	尺量：每个节段检查 1 个断面	2
		顶宽	±30		
		底宽	±20		
		顶底腹板厚	+10，−0		
5	合龙后同跨对称点高程差（mm）	$L \leqslant 100$ m	20	水准仪：每跨检查 5~7 处	1
		$L > 100$ m	$L/5\,000$		
6	横坡（%）		±0.15	水准仪：每节段检查 1~2 处	1
7	平整度（mm）		8	2 m 直尺：检查竖直、水平两个方向，每侧面每 10 m 梁长测 1 处	1

注：L 为两跨径。

六、桥面系和附属工程实测项目、规定值、检查方法和频率

桥面系和附属工程实测项目分别见表 4-28 ~ 表 4-37。

桥面系和附属工程施工实景见图 4-22。

表 4-28　防水层实测项目

项次	检查项目	规定值或允许偏差	检查方法和频率	权值
1	防水涂膜厚度（mm）	符合设计规定，设计未规定时，取 ±0.1	测厚仪：每 200 m² 测 4 点或按材料用量推算	1
2	黏结强度（MPa）	不小于设计要求，且 ≥0.3（常温），≥0.2（气温 ≥35 ℃）	拉拔仪：每 200 m² 测 4 点（拉拔速度：10 mm/min）	1
3	抗剪强度（MPa）	不小于设计要求，且 ≥0.4（常温），≥0.3（气温 ≥35 ℃）	剪切仪：1 组 3 个（剪切速度：10 mm/min）	1
4	剥离强度（N/mm）	不小于设计要求，且 ≥0.3（常温），≥0.2（气温 ≥35 ℃）	90°剥离仪：1 组 3 个（剥离速度：10 mm/min）	1

注：剥离强度仅适用于卷材类或加胎体涂膜类防水层。

表 4-29　桥面铺装实测项目

项次	检查项目			规定值或允许偏差		检查方法和频率	权值
1	强度或压实度			在合格标准内		按水泥混凝土抗压强度评定检查	3
2	厚度(mm)			+10,-5		以同梁体产生相同下挠变形的点为基准点,测量桥面浇筑前后相对高差:每100 m 测5处	2
3	平整度	高速公路、一级公路	指标	沥青混凝土	水泥混凝土	平整度仪:全桥每车道连续检测,每100 m 计算 IRI 或 σ	2
			IRI(m/km)	2.5	3.0		
			σ(mm)	1.5	1.8		
		其他公路	IRI(m/km)	4.2			
			σ(mm)	2.5			
			最大间隙 h (mm)	5		3 m 直尺:每100 m 测3处×3尺	
4	横坡(%)	水泥混凝土		±0.15		水准仪:每100 m 检查3个断面	1
		沥青面层		±0.3			
5	抗滑构造深度			符合设计要求		砂铺法:每200 m 查3处	1

注:1. 桥长不足100 m 者,按100 m 处理。

　　2. 对高速公路、一级公路上的小桥(中桥视情况)可并入路面进行评定。

表 4-30　复合桥面水泥混凝土铺装实测项目

项次	检查项目	规定值或允许偏差	检查方法和频率	权值
1	混凝土强度(MPa)	在合格标准内	按水泥混凝土抗压强度评定检查	3
2	厚度(mm)	+10,-5	对比桥面浇筑前后标高检查:每100 m 查5处	2
3	平整度(mm)	5	3 m 直尺:每100 m 测3处×3尺	2
4	横坡(%)	±0.15	水准仪:每100 m 检查3个断面	1

表 4-31　钢桥面板上防水黏结层实测项目

项次	检查项目	规定值或允许偏差	检查方法和频率	权值
1	钢桥面板清洁度	符合设计要求	比照板目测:全部	1
2	黏结层厚度(mm)	符合设计要求	测厚仪:每洒布段检查6点	2
3	黏结层与钢板底漆间结合力(MPa)	不小于设计	拉拔仪:每洒布段检查6点	3
4	防水层厚度(mm)	符合设计要求	测厚仪:每洒布段检查6点	2

表 4-32　钢桥面板上沥青混凝土铺装实测项目

表 4-32　钢桥面板上沥青混凝土铺装实测项目

项次	检查项目			规定值或允许偏差	检查方法和频率	权值
1	压实度			符合设计要求	按碾压吨位与遍数检查	3
2	平整度	高速公路、一级公路	IRI(m/km)	2.5	平整度仪:全桥每车道连续检测,每100 m 计算 IRI 或 σ	2
			σ(mm)	1.5		
		其他公路	IRI(m/km)	4.2		
			σ(mm)	2.5		
			最大间隙 h(mm)	5	3 m 直尺:每100 m 测 3 处×3尺	
3	平均厚度(mm)			+0,-5	按沥青混凝土实际用量推算	3
4	抗滑构造深度(mm)			符合设计要求	砂铺法:每200 m 查一处	1
5	横坡(%)			±0.3	水准仪:每200 m 测 4 个断面	1

表 4-33　斜拉桥、悬索桥的支座安装实测项目

项次	检查项目	规定值或允许偏差	检查方法和频率	权值
1	竖向支座的纵、横向偏位(mm)	5	经纬仪:每支座测量	3
2	支座高程(mm)	±10	水准仪:每支座测量	3
3	竖向支座垫石钢板水平度(mm)	2	水平仪、钢尺:每支座测量	2
4	竖向支座滑板中线与桥轴线平行度	1/1 000	全站仪或经纬仪:每支座测量	2
5	横向抗风支座支挡垂直度(mm)	≤1	水平仪、钢尺:每支座测量	2
6	横向抗风支座支挡表面平行度(mm)	≤1	水平仪、钢尺:每支座测量	2
7	支挡表面与横向抗风支座表面间距(mm)	2	卡尺:每支座测量	2

表 4-34　伸缩缝安装实测项目

项次	检查项目		规定值或允许偏差	检查方法和频率	权值
1	长度(mm)		符合设计要求	尺量:每道	2
2	缝宽(mm)		符合设计要求	尺量:每道 2 处	3
3	与桥面高差(mm)		2	尺量:每侧 3~7 处	3
4	纵坡(%)	一般	±0.5	水准仪:测量纵向锚固混凝土端部 3 处	2
		大型	±0.2	水准仪:沿纵断面伸缩缝两侧 3 处	
5	横向平整度(mm)		3	3 m 直尺:每道	1

注:项次 2 应按安装时气温折算。

表4-35 混凝土小型构件实测项目

项次	检查项目		规定值或允许偏差	检查方法和频率		权值
1	混凝土强度(MPa)		在合格标准内			3
2	断面尺寸(mm)	≤80	±5	尺量:2处	按构件总数的30%	2
		>80	±10			
3	长度(mm)		+5,-0	尺量		1

表4-36 混凝土防撞护栏浇筑实测项目

项次	检查项目	规定值或允许偏差	检查方法和频率	权值
1	混凝土强度(MPa)	在合格标准内	按水泥混凝土抗压强度评定检查	3
2	平面偏位(mm)	4	经纬仪、钢尺拉线检查:每100 m检查3处	2
3	断面尺寸(mm)	±5	尺量:每100 m每侧检查3处	2
4	竖直度(mm)	4	吊垂线:每100 m每侧检查3处	1
5	预埋件位置(mm)	5	尺量:每件	1

表4-37 桥头搭板实测项目

项次	检查项目		规定值或允许偏差	检查方法和频率	权值
1	混凝土强度(MPa)		在合格标准内	按水泥混凝土抗压强度评定检查	3
2	枕梁尺寸(mm)	宽、高	±20	尺量,每梁检查2个断面	1
		长	±30	尺量:检查每梁	
3	板尺寸(mm)	长、宽	±30	尺量:各检查2~4处	1
		厚	±10	尺量:检查4~8处	2
4	顶面高程(mm)		±2	水准仪:测量5处	2
5	板顶纵坡(mm)		0.3	水准仪:测量3~5处	1

七、涵洞工程结构物质量评定

(一)涵洞总体基本要求

(1)涵洞施工应严格按照设计图纸、施工规范和有关技术操作要求进行。

(2)各接缝、沉降缝位置准确,填缝无空鼓、开裂、漏水现象;若有预制构件,其接缝应与沉降缝吻合。

(3)涵洞内不得遗留建筑垃圾、杂物等。

涵洞总体实测项目见表4-38。

(a) 伸缩缝施工实景图

(b) 防撞护栏

(c) 桥头搭板

图 4-22　桥面系施工实景图

表 4-38　涵洞总体实测项目

项次	检查项目	规定值或允许偏差	检查方法和频率	权值
1	轴线偏位(mm)	明涵 20,暗涵 50	经纬仪:检查 2 处	2
2	流水高程(mm)	±20	水准仪、尺量:检查洞口 2 处,拉线检查中间 1~2 处	3
3	涵底铺砌厚度(mm)	+40,-10	尺量:检查 3~5 处	1
4	长度(mm)	+100,-50	尺量:检查中心线	1
5	孔径(mm)	±20	尺量:检查 3~5 处	3
6	净高	明涵 20,暗涵 ±50	尺量:检查 3~5 处	1

注:实际工程无项次 3 时,该项不参与评定。

（二）盖板涵基本要求

（1）混凝土所用的水泥、砂、石、水、外掺剂及拌和料的质量和规格必须符合有关技术规范要求,按规定的配合比施工。

（2）分块施工时接缝应与沉降缝吻合。

（3）砌体不得出现漏筋和空洞现象。

涵台实测项目见表 4-39。

表 4-39　涵台实测项目

项次	检查项目		规定值或允许偏差	检查方法和频率	权值
1	混凝土或砂浆强度(MPa)		在合格标准内	按水泥混凝土抗压强度评定或水泥砂浆强度评定检查	3
2	涵台断面尺寸(mm)	片石砌体	±20	尺量:检查 3~5 处	1
		混凝土	±15		
3	竖直度或斜度(mm)		0.3% 台高	吊垂线或经纬线:测量 2 处	1
4	顶面高度(mm)		±10	水准仪:测量 3 处	2

　　盖板涵施工实景见图 4-23。盖板制作实测项目见表 4-40。一字墙和八字墙实测项目见表 4-41。

图 4-23　涵洞八字墙、盖板涵施工实景图

表 4-40　盖板制作实测项目

项次	检测项目		规定值或允许偏差	检测方法和频率	权值
1	混凝土强度(MPa)		在合格标准内	按水泥混凝土抗压强度评定检查	3
2	高度(mm)	明涵	+10,−0	尺量:抽查 30% 的板,每板检查 3 个断面	2
		暗涵	不小于设计值		
3	宽度(mm)	现浇	±20		1
		预制	±10		
4	长度(mm)		+20,10	尺量:抽查 30% 的板,每板检查两侧	1

表 4-41　一字墙和八字墙实测项目

项次	检查项目	规定值或允许偏差	检查方法和频率	权值
1	混凝土或砂浆强度(MPa)	在合格标准内	按水泥混凝土抗压强度评定或水泥砂浆强度评定检查	4
2	平面位置(mm)	50	经纬仪:检查墙两端	1

项次	检查项目	规定值或允许偏差	检查方法和频率	权值
3	顶面高程(mm)	±20	水准仪:检查墙两端	1
4	底面高程(mm)	±50		
5	竖直度或坡度(%)	0.5	吊垂线:每墙检查2处	1
6	断面尺寸(mm)	不小于设计	尺量:各墙两端断面	2

(三)拱涵基本要求

(1)所用的水泥、砂、石、水、外掺剂及拌和料的质量和规格必须符合有关技术规范要求,按规定的配合比施工。

(2)地基承载力及基础埋置深度须满足设计要求。

(3)混凝土不得出现漏筋和空洞现象。

(4)砌块应错缝、坐浆挤紧,嵌缝料和砂浆饱满,无空洞、宽缝、大堆砂浆填隙和假缝。

现浇混凝土拱涵配筋实景图及现浇混凝土拱涵实景图、拱涵浇(砌)筑施工分别见图 4-24 ~ 图 4-26。管座及涵管安装实测项目见表 4-42。拱涵浇(砌)实测项目见表 4-43。

图 4-24　现浇混凝土拱涵配筋施工实景图　　图 4-25　现浇混凝土拱涵施工实景图

水泥混凝土拱涵实景图　　　　　石拱涵实景图　　　　垫层、管座、涵管实景图

图 4-26　拱涵浇(砌)筑施工实景图

表 4-42　管座及涵管安装实测项目

项次	检查项目		规定值或允许偏差	检查方法和频率	权值
1	管座或垫层混凝土强度		在合格标准内	按水泥混凝土抗压强度评定检查	3
2	管座或垫层宽度、厚度		≥设计值	尺量:抽查3个断面	2
3	相邻管节底面错台(mm)	管径≤1 m	3	尺量:检查3~5个接头	2
		管径>1 m	5		

表4-43　拱涵浇(砌)筑实测项目

项次	检测项目		规定值或允许偏差	检测方法和频率	权值
1	混凝土或砂浆强度(MPa)		在合格标准内	按水泥混凝土抗压强度评定或水泥砂浆强度评定检查	3
2	拱圈厚度(mm)	砌体	±20	尺量:检查拱顶、拱脚3处	2
		混凝土	±15		
3	内弧线偏离设计弧线(mm)		±20	样板:检查拱顶、1/4跨3处	1

(四)箱涵浇筑基本要求

(1)混凝土所用的水泥、砂、石、水、外掺剂及拌和料的质量和规格必须符合有关技术规范要求,按规定的配合比施工。

(2)地基承载力及基础埋置深度满足设计要求。

(3)箱体不得出现漏筋和空洞。

箱涵实景见图4-27。箱涵浇筑实测项目见表4-44。

图4-27　箱涵施工实景图

表4-44　箱涵浇筑实测项目

项次	检测项目		规定值或允许偏差	检测方法和频率	权值
1	混凝土强度(MPa)		在合格标准内	按水泥混凝土抗压强度评定检查	3
2	高度(mm)		+5, −10	尺量:检查3个断面	1
3	宽度(mm)		±30		
4	顶板厚(mm)	明涵	+10, −0	尺量:检查3~5处	2
		暗涵	不小于设计值		
5	侧墙和底板厚(mm)		不小于设计值	尺量:检查3~5处	1
6	平整度(mm)		5	2 m直尺:每10 m检查2处×3处	1

第五章　水泥混凝土路面施工质量检测与评定

第一节　普通混凝土弯拉强度的评定

- **技术标准**:《公路工程质量检验评定标准》(JTG F8011—2004)
- **检测依据**:《公路工程水泥混凝土试验规程》(JTG E30—2005)

一、混凝土弯拉强度评定方法

混凝土弯拉强度试验方法应使用标准小梁法或钻芯劈裂法,试件使用标准方法制件,标准养生时间 28 d,路面钻芯劈裂时间宜控制在 28～56 d 以内,不掺粉煤灰宜用前者,掺粉煤灰宜用后者。不同等级公路路面混凝土弯拉强度应按表 4-5 所列检查频率取样,每组 3 个试件的平均值作为一个统计数据。

二、混凝土弯拉强度的合格标准

(1)试件组数大于 10 组时,平均弯拉强度合格判断式为

$$f_\sigma = f_r + K\sigma \tag{5-1}$$

式中　f_σ——合格判定平均弯拉强度,MPa;

f_r——设计弯拉强度标准值,MPa;

K——合格判定系数,按试件组数表 5-1 取值;

σ——弯拉强度统计标准差。

表 5-1　合格判定系数

试件组数	11～14	15～19	≥20
K	0.75	0.70	0.65

(2)当试件组数为 11～19 组时,允许有 1 组最小弯拉强度小于 $0.85f_r$,但不得小于 $0.80f_r$。

(3)当试件组数大于 20 组时,高速公路和一级公路最小弯拉强度 f_{min} 不得小于 $0.80f_r$,其他公路允许有一组最小弯拉强度小于 $0.85f_r$,但不得小于 $0.75f_r$。

(4)试件组数等于或少于 10 组时,试件平均强度不得小于 $1.10f_r$,任一组强度均不得小于 $0.85f_r$。

三、实测弯拉强度统计变异系数 C_v 值的要求

当标准小梁合格判定平均弯拉强度 f_{cs}、最小弯拉强度 f_{min} 和统计变异系数中有一个数

据不符合上述要求时,应在不符合段每车道每公路钻取 3 个以上 ϕ150 mm 的岩芯,实测劈裂强度,通过各自工程的经验统计公式换算弯拉强度,其合格判定平均弯拉强度 f_{cs} 和最小值 f_{min} 必须合格;否则,应返工重铺。

第二节　水泥混凝土路面施工质量检测与评定

- **技术标准**:《公路工程质量检测评定标准》(JTJ F80/1—2004)
  《公路水泥混凝土路面施工技术规范》(JTG F30—2003)
- **检测依据**:《公路路基路面现场检测规程》(JTG E60—2008)
  《公路工程水泥及水泥混凝土试验规程》(JTG E30—2005)
  《公路工程集料试验规程》(JTG E42—2005)
  《建设用砂》(GB/T 14684—2011)
  《建设用碎石、卵石》(GB/T 14685—2011)
  《通用硅酸盐水泥》(GB 175 —2007)

水泥混凝土路面面层基本要求:

(1)基层质量必须符合规定要求,并应进行弯沉测定,验算的基层整体模量应满足设计要求。

(2)水泥强度、物理性能和化学成分应符合国家标准和有关规定的要求。

(3)粗细集料、水、外掺剂及接缝填缝料应符合设计和施工规范要求。

(4)施工配合比应根据现场测定的水泥实际强度进行计算,并经试验,选择采用最佳配合比。

(5)接缝的位置、规格、尺寸及传力杆、拉力杆的设置应符合设计要求。

(6)路面拉毛或机具压槽等抗滑措施,其构造深度应符合施工规范要求。

(7)面层与其他构造物相接应平顺,检查井井盖顶面高程应高于周边路,路面边缘无积水现象。

(8)混凝土路面铺筑后按施工规范要求养生。

水泥混凝土路面实景见图 5-1。

一、原材料质量检验项目、频率

《水泥混凝土路面施工技术规范》(JTJ F30—2003)规定,施工期间原材料进场以及施工过程中材料来源或规格变化时,应将相同料源、规格、品种的原材料作为一批,分批量分别检验、储存。路面水泥混凝土原材料检验的项目和频度应符合表 5-2 要求。

图 5-1　水泥混凝土路面实景

表 5-2　混凝土原材料检验项目和频率

材料	检验项目	检验频率	
		高速公路、一级公路	二、三级公路
水泥	抗折强度、抗压强度、安定性	机铺 1 500 t 一批	机铺 1 500 t,小型机具 500 t 一批
	凝结时间、标准稠度用水量、细度	机铺 2 000 t 一批	机铺 3 000 t 一批,小型机具 500 t 一批
	CaO、MgO、SO_3 含量,铝酸三钙、铁铝酸四钙,干缩率、耐磨性、碱度、混合材料种类及数量	每标段不小于 3 次,进场前必测	每标段不小于 3 次,进场前必测
	温度、水化热	冬、夏季施工随时检测	冬、夏季施工随时检测
粉煤灰	活性指数、细度、烧失量	机铺 1 500 t 一批	机铺 1 500 t,小型机具 500 t 一批
	需水比、SO_3 含量	每标段不小于 3 次,进场前必测	每标段不小于 3 次,进场前必测
粗集料	针片状、超径颗粒含量,级配,表观密度,堆积密度,空隙率	机铺 2 500 m^3 一批	机铺 5 000 m^3 一批,小型机具 1 500 m^3 一批
	含泥量、泥块含量	机铺 1 000 m^3 一批	机铺 2 000 m^3 一批,小型机具 100 m^3 一批
	坚固性、岩石抗压强度、压碎指标	每种粗集料每标段不少于 2 次	每种粗集料每标段不少于 2 次
	碱 - 集料反应	怀疑有碱活性集料进场前测	怀疑有碱活性集料进场前测
	含水率	降雨或湿度变化随时测	降雨或湿度变化随时测
砂	细度模数、表观密度、堆积密度、空隙率、级配	机铺 2 000 m^3 一批	机铺 4 000 m^3,小型机具 1 500 m^3 一批
	含泥量、泥块含量、石粉含量	机铺 1 000 m^3 一批	机铺 2 000 m^3,小型机具 500 m^3 一批
	坚固性	每种砂每标段不少于 3 次	每种砂每标段不少于 3 次
	云母、轻物质和有机质含量	目测有云母或杂质时测	目测有云母或杂质时测
	含盐量(硫酸盐、氯盐)	必要时测,淡化海砂每标段 3 次	必要时测,淡化海砂每标段 2 次
	含水率	降雨或湿度变化随时测	降雨或湿度变化随时测

材料	检验项目	检验频率	
		高速公路、一级公路	二、三级公路
外加剂	减水剂减水率、液体外加剂的含固量和相对密度、粉状外加剂的不溶物含量	机铺 5 t 一批	机铺 5 t，小型机具 3 t 一批
	引气剂引气量、气泡细密程度和稳定性	机铺 2 t 一批	机铺 3 t，小型机具 1 t 一批
钢纤维	抗拉强度、弯折性能、长度、长径比、形状	开工前或有变化时，每标段 3 次	开工前或有变化时，每标段 3 次
	杂质、质量及其偏差	机铺 50 t 一批	机铺 50 t，小型机具 30 t 一批
养生剂	有效保水率、抗压强度比、耐磨性、膜水溶性	开工前或有变化时，每标段 3 次	开工前或有变化时，每标段 3 次
	含固量、成膜时间	试验路段测，施工每 5 t 测 1 次	试验路段测，施工每 5 t 测 1 次
水	pH 值、含盐量、硫酸根及杂质含量	开工前水源有变化时	开工前水源有变化时

二、水泥混凝土拌和物质量检验的项目、频率

混凝土拌和物的检测项目和频率见表 5-3。

表 5-3 混凝土拌和物的检测项目和频率

检验项目	检验频率	
	高速公路、一级公路	其他公路
水胶比及稳定性	每 5 000 m³ 抽检 1 次，有变化时随测	每 5 000 m³ 抽检 1 次，有变化时随测
坍落度及其均匀性	每工班测 3 次，有变化时随测	每工班测 3 次，有变化时随测
坍落度损失率	开工、气温较高和有变化时随测	开工、气温较高和有变化时随测
振动黏度系数	试拌，原材料和配合比有变化时测	试拌，原材料和配合比有变化时测
钢纤维体积率	每工班测 2 次，有变化时随测	每工班测 1 次，有变化时随测
含气量	每工班测 2 次，有抗冻要求不小于 3 次	每工班测 1 次，有抗冻要求时不小于 3 次
泌水率	必要时测	必要时测
视密度	每工班测 1 次	每工班测 1 次
温度、凝结时间、水化发热量	冬、夏季施工，气温最高、最低时，每工班至少测 1~2 次	冬、夏季施工，气温最高、最低时，每工班至少测 1 次
离析	随时观察	随时观察
VC 值及稳定性、压实度、松铺系数	碾压混凝土做复合式路面底基层时，检查频率与其他公路相同	每工班测 3~5 次，有变化随测

三、水泥混凝土路面质量检验的项目、频率

水泥混凝土路面质量检验项目和频率见表5-4。

表5-4 水泥混凝土路面质量检验的项目和频率

项次	检验项目	检验频率	
		高速公路、一级公路	其他公路
1	弯拉强度	每班留2~4组试件，且进度<500 m取2组；≥500 m取3组，≥1 000 m取4组，测f_{cs}、f_{min}、C_v	每班留1~3组试件，且进度<500 m取1组；≥500 m取2组，≥1 000 m取3组，测f_{cs}、f_{min}、C_v
	钻心劈裂强度	每车道每3 km钻取一个芯样，硬路肩为1个车道，测平均f_{cs}、f_{min}、C_v、板厚h	每车道每3 km钻取一个芯样，硬路肩为1个车道，测平均f_{cs}、f_{min}、C_v、板厚h
2	板厚度	路面摊铺宽度内每100 m左右各2处连续摊铺，每100 m单边1处，参考芯样	路面摊铺宽度内每100 m左右各1处连续摊铺，每100 m单边1处，参考芯样
3	3 m直尺平整度	每半幅车道100 m² 处10尺	每半幅车道200 m² 处10尺
	动态平整度	所有车道连续检测	所有车道连续检测
4	抗滑构造深度	铺砂法，每幅200 m² 2处	铺砂法，每幅200 m² 1处
5	相邻板高差	尺测：每200 m纵横缝2条，每条3处	尺测：每200 m纵横缝2条，每条2处
6	连接摊铺纵缝高差	尺测：每200 m纵向工作缝，每条3处，每处间隔2 m³尺，共9尺	尺测：每200 m纵向工作缝，每条2处，每处间隔2 m³尺，共6尺
7	接缝顺直度	20 m拉线测：每200 m 6条	20 m拉线测：每200 m 4条
8	中线平面偏位	经纬仪：每200 m 6点	经纬仪：每200 m 4点
9	路面宽度	尺测：每200 m 6处	尺测：每200 m 4处
10	纵断高程	水准仪：每200 m 6点	水准仪：每200 m 4点
11	横坡度	水准仪：每200 m 6个断面	水准仪：每200 m 4个断面
12	断板率	数断板面板块占总块数比例	数断板面板块占总块数比例
13	脱皮、裂纹、露石、缺边掉角	量实际面积，并计算与总面积比	量实际面积，并计算与总面积比
14	路缘石顺直度和高度	20 m拉线测：每200 m 4处	20 m拉线测：每200 m 2处
15	灌缝饱满度	尺测：每200 m接缝测6处	尺测：每200 m接缝测4处
16	切缝深度	尺测：每200 m测6处	尺测：每200 m测4处
17	胀缝表面缺陷	每条观察填缝及啃边断角	每条观察填缝及啃边断角

续表 5-4

项次	检验项目	检验频率	
		高速公路、一级公路	其他公路
18	胀缝板连浆	每条胀缝板安装时测量	每条胀缝板安装时测量
	胀缝板倾斜	尺测:每块胀缝板每条两侧	尺测:每块胀缝板每条两侧
	胀缝板弯曲和位移	尺测:每块胀缝板每条3处	尺测:每块胀缝板每条3处
19	传力杆偏斜	钢筋保护层仪:每车道4根	钢筋保护层仪:每车道3根

第六章 基层、底基层施工质量检测与评定

- **技术标准**：《公路沥青路面设计规范》(JTG D50—2006)

  《公路工程质量检测评定标准》(JTJ F80/1—2004)

- **检测依据**：《公路工程无机结合料稳定材料试验规程》(JTG E51—2009)

  《公路路基路面现场测试规程》(JTG E60—2008)

  《公路土工试验规程》(JTG E40—2007)

  《公路工程集料试验规程》(JTG E30—2005)

  《通用硅酸盐水泥》(GB 175—2007)

  《建设用砂》(GB/T 14684—2011)

  《建设用碎石、卵石》(GB/T 14685—2011)

水泥土基层和底基层的基本要求：

(1)土质应符合设计要求，土块应经粉碎。

(2)水泥用量应按设计要求控制准确。

(3)路拌深度应达到层底。

(4)混合料应处于最佳含水率状况下，用重型压路机碾压至要求的压实度。从加水拌和到碾压终了的时间不应超过3~4 h，并应短于水泥的终凝时间。

(5)碾压经检验合格后应立即覆盖或洒水养生，养生期应符合规范要求。

路面断面整体实景图见图6-1，水泥稳定粒料类基层、底基层断面实景见图6-2。

图6-1 路面断面整体实景图

图6-2 水泥稳定粒料类基层、底基层断面实景图

一、基层、底基层材料试验项目

在施工前期，必须对拟采用的各种材料按表6-1规定进行基本性质试验，选择质量和性能符合要求的材料，并按表6-2所列的项目进行混合料检测。

表 6-1 基层、底基层材料的试验项目及方法和频率

试验项目	材料名称	目的	频率	试验方法
含水率	土、砂砾、碎石等集料	确定原始含水率	每天使用前测 2 个样品	烘干法、酒精燃烧法、含水率快速测定法
颗粒分析	砂砾、碎石等集料	确定级配是否符合要求,确定材料配合比	每种土使用前测 2 个样品,使用过程中每 2 000 m³ 测 2 个样品	筛分法
液限、塑限	土、级配砾石或级配碎石,0.5 mm 以下的细土	求塑性指数,审定是否符合要求	每种土使用前测 2 个样品,使用过程中每 2 000 m³ 测 2 个样品	液塑限联合测定仪法
相对毛体积密度、吸水率	砂砾、碎石等	评定粒料质量,计算固体体积率	使用前测 2 个样品,砂砾使用过程中每 2 000 m³ 测 2 个样品,碎石种类变化重做 2 个样品	网篮法或容积 1 000 mL 以上的容量瓶法
压碎值	砂砾、碎石等	评定石料的抗压碎能力是否符合要求	同上	集料压碎值试验
有机质和硫酸盐含量	土	确定土是否适宜于用石灰或水泥稳定	对土有怀疑时进行此项试验	有机质含量试验,易溶盐试验
有效钙氧化、氧化镁	石灰	确定石灰质量	做材料组成设计和生产使用时分别测 2 个样品,以后每天测 2 个样品	石灰的化学分析
水泥强度等级和凝结时间	水泥	确定水泥的质量是否适宜应用	做材料组成设计时测一个样品,材料或强度等级变化时重测	水泥胶砂强度检验方法,水泥凝结时间检验方法
烧失量	粉煤灰	确定粉煤灰是否适用	做材料组成设计前测 2 个样品	烧失量试验

表 6-2　基层、底基层混合料的检测项目

检测项目	目的
重型击实试验	求最佳含水率和最大干密度,以规定工地碾压时的含水率和应达到的最小干密度,确定制备强度试验和耐久性试验的试件所应该用的含水率和干密度,确定制备承载比试件的材料含水率
承载比	求工地预期干密度下的承载比,确定材料是否适宜做基层或底基层
抗压强度	进行材料组成设计,选定最适宜于用水泥或石灰稳定土(包括粒料),规定施工中所用的结合料剂量为工地提供评定质量的标准
延迟时间	对已选水泥剂量的混合料,确定延迟时间对混合料密度和抗压强度的影响,并据此确定施工允许的延迟时间

　　施工过程中,当原材料(包括土)或混合料发生变化时,必须重新进行上述试验。在正常施工过程中,对用于工程的各种材料按料源、品种进行规定的基本性质试验,试验项目、目的、频率和方法见表 6-1,确定材料质量和性能符合要求。

二、基层、底基层施工质量标准

　　基层、底基层施工过程中的质量管理包括外形尺寸的控制和检查,以及质量控制和检查。外形尺寸检查的项目、频率和质量标准见表 6-3,质量控制和检查的项目、频率和质量标准见表 6-4 ~ 表 6-8。钻芯、取样可观察成型及厚度等情况,实景见图 6-3。

表 6-3　外形尺寸检查的项目、频率和质量标准

工程类别	项目		频率	质量标准	
				高速公路、一级公路	一般公路
底基层	厚度(mm)	均值	每 1 500 ~ 2 000 m² 6 个点	10	12
		单个值		− 25	− 30
	平整度(mm)		每 200 延米处,每处连续 10 尺(3 m 直尺)	12	15
基层	厚度(mm)	均值	每 1 500 ~ 2 000 m² 6 个点	− 8	− 15
		单个值		− 10	− 20
	平整度(mm)		每 200 延米处,每处连续 10 尺(3 m 直尺)	8	12
			连接式平整度仪的标准差	3.0	

表 6-4　底基层、基层质量控制的项目、频率和质量标准

工程类别	项目	频率	质量标准
无机结合料底基层	含水率	据观察,异常时随时试验	在规范规定范围内
	级配	据观察,异常时随时试验	在规范规定范围内
	拌和均匀性	随时观察	无粗细集料离析现象
	压实度	每一作业段或不大于20 m³检查6次以上	96%以上,填隙碎石以固体体积率表示,不小于83%
	塑性指数	每1 000 m³ 1次,异常时随时试验	小于规范规定值
	承载比	每3 000 m³ 1次,据观察,异常时随时增加试验	不小于规范规定值
	弯沉值检验	每一评定段(不超过1 km)每车道40~50个测点	95%(二级及二级以下公路)或97.7%(高速公路和一级公路)概率的上波动界限不小于计算的容许值
无机结合料基层	含水率	据观察,异常时随时试验	在规范规定范围内
	级配	每2 000 m³ 1次	在规范规定范围内
	拌和均匀性	随时观察	无粗细集料离析现象
	压实度	每一作业段或不超过2 000 m²检查6次以上	级配集料基层98%,中间层100%,填隙碎石固体体积率85%
	塑性指数	每1 000 m³ 1次,异常时随时试验	小于规范规定值
	集料压碎值	据观察,异常时随时试验	不超过规范规定值
	承载比	每3 000 m² 1次,据观察,异常时随时增加试验	不小于规范规定值
	弯沉值检验	每一评定段(不超过1km)每车道40~50个测点	95%(二级及二级以下公路)或97.7%(高速公路和一级公路)概率的上波动界限不小于计算的容许值

工程类别	项目		频度	质量标准无
水泥或石灰稳定土及综合稳定土	级配		每 2 000 m² 1 次	在规范规定范围内
	集料压碎值		据观察,异常随时试验	不超过规范规定值
	水泥或石灰剂量		每 2 000 m² 1 次,至少 6 个样品,用滴定法或用直读式测钙仪试验,并与实际石灰、水泥用量校核不小于设计值 -1.0%	不少于设计值 -1.0%
	含水率	水泥稳定土	据观察,异常时随时试验	在规范规定范围内
		石灰稳定土		
	拌和稳定土		随时观察	无灰条、灰团、色泽均匀,无离析现象
	压实度	稳定细粒土	每一作业段或不超过 2 000 m² 检查 6 次以上	二级及二级以下公路 93% 以上,高速公路和一级公路 95% 以上
		稳定中粒土和粗粒土		二级及二级以下公路的底基层 95%,基层 97%;高速公路和一级公路的底基层 96%,基层 98%
	抗压强度		稳定细粒土,每一作业段或每2 000 m² 6 个试件;稳定中粒和粗集料土,每一作业段或 2 000 m² 6 个或 9 个试件	符合规定要求

表 6-5　水泥土基层和底基层实测项目

项次	检查项目		规定值或允许偏差				检查方法和频率	权值
			基层		底基层			
			高速公路、一级公路	其他公路	高速公路、一级公路	其他公路		
1	压实度 (%)	代表值	—	95	95	93	按 JTG F80/1—2004 附录 B 检查,每 200 m 每车道 2 处	3
		极值	—	91	91	89		
2	平整度(mm)		—	12	12	15	3 m 直尺:每 200 m 测 2 处×10 尺	2
3	纵断高程(mm)		—	+5, -15	+5, -15	+5, -20	水准仪:每 200 m 测 4 个断面	1
4	宽度(mm)		符合设计要求		符合设计要求		尺量:每 200 m 测 4 个断面	1
5	厚度 (mm)	代表值	—	-10	-10	-12	按 JTG F80/1—2004 附录 H 检查,每 200 m 每车道 1 点	2
		合格值	—	-20	-10	-30		
6	横坡(%)		—	±0.5	±0.3	±0.5	水准仪:每 200 m 测 4 个断面	1
7	强度(MPa)		符合设计要求		符合设计要求		按 JTG F80/1—2004 附录 G 检查	3

表 6-6　水泥稳定粒料基层和底基层实测项目

项次	检查项目		规定值或允许偏差				检查方法和频率	权值
			基层		底基层			
			高速公路、一级公路	其他公路	高速公路、一级公路	其他公路		
1	压实度（%）	代表值	98	97	96	95	按 JTG F80/1—2004 附录 B 检查，每 200 m 每车道 2 处	3
		极值	94	93	92	91		
2	平整度（mm）		8	12	15	15	3 m 直尺：每 200 m 测 2 处×10 尺	2
3	纵断高程（mm）		+5，−10	+5，−15	+5，−15	+5，−20	水准仪：每 200 m 测 4 个断面	1
4	宽度（mm）		符合设计要求		符合设计要求		尺量：每 200 m 测 4 个断面	1
5	厚度（mm）	代表值	−8	−10	−10	−12	按 JTG F80/1—2004 附录 H 检查，每 200 m 每车道 1 点	3
		合格值	−15	−20	−25	−30		
6	横坡（%）		±0.3	±0.5	±0.3	±0.5	水准仪：每 200 m 测 4 个断面	1
7	强度（MPa）		符合设计要求		符合设计要求		按 JTG F80/1—2004 附录 G 检查	3

表 6-7　石灰土基层和底基层实测项目

项次	检查项目		规定值或允许偏差				检查方法和频率	权值
			基层		底基层			
			高速公路、一级公路	其他公路	高速公路、一级公路	其他公路		
1	压实度（%）	代表值	—	95	95	93	按 JTG F80/1—2004 附录 B 检查，每 200 m 每车道 2 处	3
		极值		91	91	89		
2	平整度（mm）		—	12	12	15	3 m 直尺：每 200 m 测 2 处×10 尺	2
3	纵断高程（mm）		—	+5，−15	+5，−15	+5，−20	水准仪：每 200 m 测 4 个断面	1
4	宽度（mm）		符合设计要求		符合设计要求		尺量：每 200 m 测 4 个断面	1
5	厚度（mm）	代表值	—	−10	−10	−12	按 JTG F80/1—2004 附录 H 检查，每 200 m 每车道 1 点	2
		合格值	—	−20	−10	−30		
6	横坡（%）		—	±0.5	±0.3	±0.5	水准仪：每 200 m 测 4 个断面	1
7	强度（MPa）		符合设计要求		符合设计要求		按 JTG F80/1—2004 附录 G 检查	3

表6-8 石灰稳定粒料基层和底基层实测项目

项次	检查项目		规定值或允许偏差				检查方法和频率	权值
			基层		底基层			
			高速公路、一级公路	其他公路	高速公路、一级公路	其他公路		
1	压实度（%）	代表值	98	97	96	95	按 JTG F80/1—2004 附录 B 检查,每 200 m 每车道 2 处	3
		极值	94	93	92	91		
2	平整度(mm)		8	12	12	15	3 m 直尺:每 200 m 测 2 处×10 尺	2
3	纵断高程(mm)		+5,−10	+5,−15	+5,−15	+5,−20	水准仪:每 200 m 测 4 个断面	1
4	宽度(mm)		符合设计要求		符合设计要求		尺量:每 200 m 测 4 处	1
5	厚度（mm）	代表值	−8	−10	−10	−12	按 JTG F80/1—2004 附录 H 检查,每 200 m 每车道 1 点	2
		合格值	−15	−20	−25	−30		
6	横坡(%)		±0.3	±0.5	±0.3	±0.5	水准仪:每 200 m 测 4 个断面	1
7	强度(MPa)		符合设计要求		符合设计要求		按 JTG F80/1—2004 附录 G 检查	3

图6-3 路面基层钻芯样检测实景

第七章　沥青路面施工质量的检测与评定

- **技术标准：**《公路工程质量检验评定标准》（JTG F80/1—2004）
  《公路沥青路面设计规范》（JTG D50—2006）
  《公路沥青路面施工技术规范》（JTG F40—2004）
- **检测依据：**《公路工程沥青及沥青混合料试验规程》（JTG E20—2011）
  《公路路基路面现场测试规程》（JTG E60—2008）
  《公路工程集料试验规程》（JTG E30—2005）
  《建筑用碎石、卵石》（GB 14685—2011）
  《建筑用砂》（GB 14684—2011）

沥青混合料面层和沥青碎（砾）石面层的基本要求：

（1）沥青混合料的矿料质量及矿料级配应符合设计要求和施工规范的要求。

（2）严格控制各种矿料和沥青用量及各种材料和沥青混合料的加热温度，沥青材料及混合料的各项指标应符合设计和施工规范要求。沥青混合料的生产，每日应做抽提试验。

（3）拌和后的沥青混合料应均匀一致，无花白，无粗细集料分离和接团成块现象。

（4）基层必须碾压密实，表面干燥、清洁、无浮土，其平整度和路拱度应符合要求。

（5）摊铺时应严格控制摊铺厚度和平整度，避免离析，注意控制碾压和摊铺温度，碾压至要求的密实度。

沥青面层实景见图 7-1。

图 7-1　沥青面层实景图

一、原材料质量检查项目、频率

沥青路面施工过程中应按表 7-1 规定的项目、频度对原材料进行抽样试验，其质量应符合技术要求。在做抽样试验时，有些材料规定应随时进行试验，有些规定必要时进行试验，有些则按时间分批量进行试验。因此，施工中要时刻注意混合料的质量变化，若发现问题要及时处理。若问题产生的原因是由材料所致，该材料应停止使用，并妥善管理。

表7-1 施工过程中材料质量检查的项目与频度

材料	检查项目	检查频度		试验规程规定的平行试验次数或一次试验样品数
		高速公路、一级公路	其他等级公路	
粗集料	外观(石料品种、含泥量等)	随时	随时	—
	针、片状颗粒含量	随时	随时	2~3
	颗粒组成(筛分)	随时	随时	2
	压碎值	必要时	必要时	2
	磨光值	必要时	必要时	4
	洛杉矶磨耗值	必要时	必要时	2
	含水率	必要时	必要时	2
细集料	颗粒组成(筛分)	随时	随时	2
	砂当量	必要时	必要时	2
	含水率	必要时	必要时	2
	松方单位量	必要时	必要时	2
矿粉	外观	随时	随时	—
	<0.075 mm含量	必要时	必要时	2
	含水率	必要时	必要时	2
石油沥青	针入度	每2~3 d 1次	每周1次	3
	软化点	每2~3 d 1次	每周1次	2
	延度	每2~3 d 1次	每周1次	3
	含蜡量	必要时	必要时	2~3
改性沥青	针入度	每天1次	每天1次	3
	软化点	每天1次	每天1次	2
	离析试验(对成品改性沥青)	每天1次	每周1次	2
	低温延度	必要时	必要时	3
	弹性恢复	必要时	必要时	3
	显微镜观察(对现场改性沥青)	随时	随时	—
乳化沥青	蒸发残留物含量	每2~3 d 1次	每周1次	2
	蒸发残留物针入度	每2~3 d 1次	每周1次	2
改性乳化沥青	蒸发残留物含量	每2~3 d 1次	每周1次	2
	蒸发残留物针入度	每2~3 d 1次	每周1次	3
	蒸发残留物软化点	每2~3 d 1次	每周1次	2
	蒸发残留物延度	必要时	必要时	3

二、施工过程中沥青混合料的抽检频度和质量要求

沥青混合料在拌和生产过程中,应按表7-2规定的项目和频度检查混合料产品的质量。

沥青混合料的施工温度见表7-3。

表 7-2　热拌沥青混合料质量的控制标准

项目		检查频度	质量要求或允许偏差(单点检验)		试验方法
			高速公路、一级公路	其他等级公路	
混合料外观		随时	观察集料粗细、均匀性、离析、油石比、色泽、冒烟、有无花白料、油团等各种现象		目测
拌和温度	沥青、集料的加热温度	逐盘检测评定	符合规范规定		传感器或自动检测、显示并打印
	混合料出厂温度	逐车检测评定	符合规范规定		传感器或自动检测、显示并打印,出厂时逐车人工检测
矿料级配	0.075	逐盘在线检测评定	±2%(2%)	—	计算机采集数据计算
	≤2.36		±5%(4%)	—	
	≥4.75		±6%(5%)	—	
	0.075	逐盘检测,每天汇总1次,取平均值评定	±1%	—	
	≤2.36		±2%	—	
	≥4.75		±3%	—	
	0.075	每台拌和机每天12次,以两个试样的平均值评定	±2%(2%)	±2%	T0725抽提筛分与标准级配比较的差
	≤2.36		±5%(3%)	±6%	
	≥4.75		±6%(4%)	±7%	
沥青用量(油石比)		逐盘在线检测评定	±0.3%	—	计算机采集数据计算
		逐盘检测,每天汇总1次,取平均值评定	±0.1%		JTG F40—2004 附录F总量检验
		每台拌和机每天12次,以两个试样的平均值评定	±0.3%	±0.4%	JTG E20—2011 抽取 T0722、T0721
马歇尔试验空隙率、稳定度、流值		每台拌和机每天1~2次,以4~6个试件的平均值	符合规范规定		JTG E20—2011 T0702、T0709、
浸水马歇尔试验		必要时(试件数同马歇尔试验)	符合规范规定		JTG E20—2011 T0702、T0709
车辙试验		必要时(以3个试件的平均值)	符合规范规定		JTG E20—2011 T0719

表 7-3　热拌沥青混合料的施工温度

沥青种类		石油沥青			
沥青标号		50 号	70 号	90 号	110 号
沥青加热温度(℃)		160 ~ 170	155 ~ 165	150 ~ 160	145 ~ 155
矿料温度(℃)	间歇式拌和机	比沥青加热温度高 10 ~ 30			
	连续式拌和机	比沥青加热温度高 5 ~ 10			
沥青混合料出厂温度(℃)		150 ~ 170	145 ~ 165	140 ~ 160	135 ~ 155
混合料贮料仓贮存温度(℃)		贮料过程中温度降低不超过 10			
混合料废弃温度(℃),不低于		200	195	190	185
运输到现场温度(℃)		150	145	140	135
混合料摊铺温度(℃),不低于	正常施工	140	135	130	125
	低温施工	160	150	140	135
开始碾压混合料内部温度(℃),不低于	正常施工	135	145	135	130
	低温施工	150	145	135	130
碾压终了表面温度(℃),不低于	钢轮压路机	80	70	65	60
	轮胎压路机	85	80	75	70
	振动压路机	75	70	60	55
开放交通的路表面温度(℃),不低于		50	50	50	45

三、沥青路面施工过程中的工程质量控制标准

沥青路面的铺筑质量应进行评定,检查的内容、频度、允许偏差应符合表 7-4、表 7-5 的规定。

表 7-4　热拌沥青混合料路面施工过程中工程质量的控制标准

项目		检查频度	质量要求或允许偏差(单点检验)		试验方法(JTG E60—2008)
			高速公路、一级公路	其他等级公路	
外观		随时	表面平整密实不得有明显轮迹、裂缝、推挤、油汀、油包等缺陷,且无明显离析		目测
接缝		随时	紧密、平整、无跳车		目测
		逐条缝检查评定	3 mm	5 mm	T0931
施工温度	摊铺温度	逐车检查评定	符合技术标准要求		T0961
	碾压温度	随时	符合技术标准要求		插入式温度计实测
厚度	每一层次	随时 厚度 50 cm 以下 厚度 50 cm 以上	设计值 -5% 设计值 -8%	设计值 -8% 设计值 -10%	
	每一层次	一个台班区段的平均值 厚度 50 cm 以下 厚度 50 cm 以上	3 mm -5 mm	—	
	总厚度	每 2 000 m² 一点单点测定	设计值 -5%	设计值 -8%	T0912
	上面层	每 2 000 m² 一点单点测定	设计值 -10%	设计值 -10%	

项目		检查频度	质量要求或允许偏差（单点检验）		试验方法（JTG E60—2008）
			高速公路、一级公路	其他等级公路	
压实度		不少于每2 000 m² 一组，逐个试件评定并计算平均值	实验室标准密度的97%（98%） 最大理论密度的93%（94%） 试验段密度的99%（99%）		T0924、T0922
平整度（最大间隙）	上面层	随时，接缝处单点评定	3 mm	5 mm	T0931
	中面层	随时，接缝处单点评定	5 mm	7 mm	
平整度（标准差）	上面层	连续测定	1.2 mm	2.5 mm	T0932
	中面层	连续测定	1.5 mm	2.8 mm	

热拌热铺沥青路面施工现场实景见图7-2。

图7-2 热拌热铺沥青路面施工现场实景

工程完工后，施工单位应将全线按1~3 km划分为若干个评定段，按规定的项目、频度质量要求，随机选取测点，进行全线自检，提交自检报告及相关资料，申请交工验收。验收单位在确认施工资料齐全后，即可进行交工验收，随机选定一定的评定路段进行检查验收。检查的内容、频度、质量要求应符合表7-5的规定。

表7-5 热拌沥青混合料路面交工检查与验收质量标准

检查项目		检查频度（每一侧车行道）	质量要求或允许偏差		试验方法（JTG E60—2008）
			高速公路、一级公路	其他等级公路	
外观		随时	表面平整密实，不得有明显轮迹、裂缝、推挤、油汀、油包等缺陷，且无明显离析		目测
面层总厚度	代表值	每1 km 5点	设计值 -5%	设计值 -8%	T0912
	极值	每1 km 5点	设计值 -10%	设计值 -15%	
上面层厚度	代表值	每1 km 5点	设计值 -10%		
	极值	每1 km 5点	设计值 -20%		

检查项目		检查频度(每一侧车行道)	质量要求或允许偏差		试验方法(JTG E60—2008)
			高速公路、一级公路	其他等级公路	
压实度	代表值	每 1 km 5 点	实验室标准密度的 96%(98%) 最大理论密度的 92%(94%) 实验段密度的 99%(99%)		T0924
	极值(最小值)	每 1 km 5 点	比代表值放宽 1%(每千米)或 2%(全部)		
路表平整度	标准值	全线连续	1.2 mm	2.5 mm	T0932
	IRI	续 10 尺	2.0 m/km	4.2 m/km	T0933
	最大间隙	每 1 km 10 处,各连续 10 杆	—	5 mm	T0931
路表渗水系数		每 1 km 不少于 5 点,每 3 点处取平均值评定	300 mL/min (普通密级配)	—	T0971
弯沉	回弹弯沉	全线每 20 m 1 点	符合设计对交工验收的要求	符合设计对交工验收的要求	T0951
	总弯沉	全线每 5 m 一点	符合设计对交工验收的要求	—	T0952
构造深度		每 1 km 5 点	符合设计对交工验收的要求	—	T0961/62/63
摩擦系数摆值		每 1 km 5 处	符合设计对交工验收的要求	—	T0964
横向力系数		全线连续	符合设计对交工验收的要求	—	T0965

第八章 隧道施工质量的检测与评定

● **技术标准:**《公路工程质量检验标准》(JTG F80/1—2004)

《公路隧道施工技术规范》(JTG T60—2009)

《混凝土强度检验评定标准》(GB/T 50107—2010)

本章仅仅结合钻爆法施工的山岭隧道检验评定,对通风、照明、供配电监控设施等检验评定设施,对隧道洞口开挖,洞门和翼墙的浇(砌)筑、洞口边坡、仰坡防护涉及路基土石方标准、挡土墙、防护及其他砌石工程相应项目的检验评定,对隧道路面、基层、面层、防排水、装修的检验评定。限于篇幅没有涉及。隧道洞口实景见图8-1。

图 8-1 隧道洞口实景图

一、明洞浇筑、防水层基本要求

(1)水泥、砂、石、水、外掺剂,防水材料质量和规格,满足设计和规范要求。

(2)寒区混凝土集料要进行抗冻检验,结果满足规范要求。

(3)基础的地基承载力满足设计和规范要求。

(4)钢筋加工、焊接、安装及混凝土配合比符合设计和规范要求。

(5)防水层施工前,明洞混凝土外部平整、不露钢筋。

(6)明洞与暗洞连接良好,符合设计和规范要求。

(7)明洞拆外模后,立即做好防水层和纵向盲沟、有关明洞浇筑,防水层、明洞回填实测项目及规定值见表8-1～表8-4。

表 8-1 明洞浇筑实测项目、规定值、检查方法和频率

项次	检测项目	规定值或允许偏差	检查方法和频率	权值
1	混凝土强度(MPa)	在合格标准内	按水泥混凝土抗压强度评定标准检查	3
2	混凝土厚度(mm)	不小于	尺量或地质雷达:每20 m检查一个断面,每个断面自拱顶每3 m检查1点	3
3	混凝土平整度(mm)	20	2 m直尺:每10 m每侧检查2处	1

表 8-2 防水层实测项目、规定值、检查方法和频率

项次	检测项目	规定值或允许偏差	检查方法和频率	权值
1	搭接长度(mm)	>100	尺量:每环测3处	2
2	卷材向隧道延伸长度(mm)	≥500	尺量:检查5处	2
3	卷材与基底的横向长度(mm)	≥500	尺量:检查5处	2
4	沥青防水层每层厚度(mm)	2	尺量:检查10点	3

注:防水卷材无破损,接合处无气泡、褶皱和空隙。

表 8-3　明洞回填实测项目、规定值、检查方法和频率

项次	检测项目	规定值或允许偏差	检查方法和频率	权值
1	回填厚度(mm)	≤300	尺量:回填一层检查一次,每次每侧检查5点	2
2	两侧回填高差(mm)	≤500	水准仪:每层测3次	2
3	坡度	不大于设计	尺量:检查3处	1
4	回填压实质量	压实质量符合设计要求	层厚及碾压遍数	3

表 8-4　洞身开挖实测项目、规定值、检查方法和频率

项次	检查项目		规定值或允许偏差	检查方法和频率
1	拱部超挖(mm)	破碎岩,土(Ⅰ、Ⅱ类围岩)	平均100,最大250	水准仪或断面仪: 每20 m一个断面
		中硬岩,软岩(Ⅲ、Ⅳ类围岩)	平均150,最大250	
		硬岩(Ⅵ类围岩)	平均100,最大200	
2	边墙宽度(mm)	每侧 +100, −0	+100, −0	尺量:每20 m检查1处
		全宽	+200, −0	
3	仰供,隧底超挖(mm)		最大250	水准仪:每20 m检查3处

二、钢支撑、钢筋网支护基本要求

(1)材料质量和规格符合设计和规范要求。

(2)用双层钢筋网时,第二层钢筋网应在第一层钢筋网被混凝土覆盖后铺设。

(3)钢支撑间必须用纵向钢筋连接,拱脚必须放在牢固基础上。

(4)拱脚标高不足时,不得用块石、碎石砌垫,而应设置钢板调整或用混凝土强度不小于 C20 浇筑。喷射混凝土支护实景,钢支撑、钢筋网支护见图 8-2、图 8-3。其实测项目、规定值,见表 8-5 ~ 表 8-7。

图 8-2　喷射混凝土支护局部施工实景

图 8-3　钢支撑、钢筋网支护施工局部实景

表 8-5　钢支撑支护实测项目、规定值、检查方法和频率

项次	检查项目		规定值或允许偏差	检查方法和频率	权值
1	安装间距(mm)		±50	尺量:每榀检查	3
2	保护层厚度(mm)		≥20	凿孔检查:每榀自拱顶每 3 m 检查一点	2
3	倾斜角(°)		±20	测量仪器检查每榀倾斜度	1
4	安装偏差	横向	±50	尺量:每榀检查	1
		竖向	不低于设计标高		
5	拼装偏差(mm)		±3	尺量:每榀检查	1

表 8-6　钢筋网支护实测项目、规定值、检查方法和频率

项次	检测项目	规定值或允许偏差	检查方法和频率	权值
1	网格尺寸(mm)	±10	尺量:每 50 m^2 检查 2 个网点眼	3
2	钢筋保护层厚(mm)	≥10	凿孔检查:每 20 m 检查 5 点	2
3	与受喷岩面的间隙(mm)	≤30	尺量检查 10 点	2
4	网的长、宽(mm)	±10	尺量	1

注:钢筋网与锚杆或其他固定装置连接牢固,喷射混凝土时不得晃动。

表 8-7　锚杆支护实测项目、规定值、检查方法和频率

项次	检测项目	规定值或允许偏差	检查方法和频率	权值
1	锚杆数量	不小于设计	按分项工程统计	3
2	锚杆拔力	28 d 拔力平均值≥设计值,最小拔力:0.9 设计值	按锚杆数 1% 做拔力试验且不小于 3 根做拔力试验	2
3	孔位(mm)	±15	尺量:检查锚杆数的 10%	2
4	钻孔深度(mm)	±50	尺量:检查锚杆数的 10%	2
5	孔径(mm)	砂浆锚杆:大于杆体直径 +15;其他锚杆:符合设计要求	尺量:检查锚杆数的 10%	2
6	锚杆垫板	与岩面紧贴	检查锚杆数的 10%	1

　　喷射混凝土支护基本要求:喷射混凝土支护应与围岩紧密黏结,结合牢固,喷层厚度应符合要求,不能有空间,喷层内部容许添加片石和模板等杂物,必要时应进行黏结力测试。喷射混凝土严禁挂模喷射,受喷面必须是原岩面。无漏喷、离鼓、裂缝、钢筋网外露现象。喷射混凝土支护实测项目、规定值、检查方法和频率见表 8-8。

表 8-8　喷射混凝土实测项目、规定值、检查方法和频率

项次	检测项目	规定值或允许偏差	检查方法和频率
1	喷射混凝土抗压强度（MPa）	在合格标准内	双车道隧道每 10 延米，至少在拱(3 个)试件脚和边墙各取 1 组
2	喷层厚度（mm）	平均厚度≥设计厚度；检查点的 60%≥设计厚度，最小厚度≥0.5 设计厚度，且≥50	凿孔法或雷达检测仪：每 10 m 检查一个断面，每个断面从拱顶中线起每 3 m 检查 3 点
3	空洞检查	无空洞，无杂物	起线凿孔或雷达检测仪：每 10 m 检查一个断面，每个断面从拱顶中线起每 3 m 检查 1 点

注：喷射前要检查开挖断面的质量，处理好超欠挖。喷射前，岩面必须清洁。

三、仰拱基本要求

（1）仰拱应结合拱墙施工及时进行，使支护结构尽快封闭。

（2）仰拱浇筑前应清除积水、杂物、虚渣等。

（3）仰拱超挖严禁用虚土、虚渣回填。仰拱实测项目、规定值见表 8-9，仰拱配筋施工局部实景见图 8-4。

表 8-9　仰拱实测项目、规定值、检查方法和频率

项次	检查项目	规定值或允许偏差	检查方法和频率	权值
1	混凝土强度（MPa）	在合格标准内		3
2	仰拱厚度	不小于设计值	水准仪：每 20 m 检查一个断面，每个断面检查 5 点	3
3	钢筋保护层厚度（mm）	≥50	凿孔检查，每 20 m 检查一个断面，每个断面检查 3 点	1

注：仰拱浇筑前应清除积水、杂物、废渣等。仰拱超挖严禁用虚土、虚渣回填，混凝土表面密实，无露筋。

图 8-4　仰拱配筋施工局部实景图

四、混凝土衬砌基本要求

（1）材料质量和规格必须满足规范和设计要求。

(2)防水混凝土必须满足设计和规范要求。

(3)防水混凝土粗集料尺寸不应超过规定值。

(4)基底承载力应满足设计要求,对基底承载力有怀疑时应做承载力试验。

(5)拱墙背后的空隙必须回填、密实。

混凝土衬砌钢筋实测项目、规定值见表 8-10、表 8-11。

表 8-10　混凝土衬砌实测项目、规定值、检查方法和频率

项次	检查项目	规定值或允许偏差	检查方法和频率	权值
1	混凝土强度(MPa)	在合格标准内	按混凝土抗压强度标准检验	3
2	衬砌的厚度(mm)	不小于设计	激光断面仪或地质雷达: 每 40 m 检查一个断面	3
3	墙面平整度(mm)	5	2 m 直尺:每 40 m 每侧检查 5 处	1

表 8-11　衬砌钢筋实测项目、规定值、检查方法和频率

项次	检查项目		规定值或允许偏差	检查方法和频率	权值
1	主筋间距(mm)		±10	尺量:每 20 m 检查 5 点	3
2	两层钢筋间距(mm)		±5	尺量:每 20 m 检查 5 点	2
3	箍筋间距(mm)		±20	尺量:每 20 m 检查 5 点	1
4	绑扎搭接长度	受拉 Ⅰ 级钢筋	30 d	尺量:每 20 m 检查 3 个接头	1
		受拉 Ⅱ 级钢筋	35 d		
		受压 Ⅰ 级钢筋	20 d		
		受压 Ⅱ 级钢筋	25 d		
5	钢筋加工	钢筋长度	−10, +5	尺量:每 20 m 检查 2 根	1

注:d 为钢筋直径。

五、防水层、止水带基本要求

(1)防水卷材铺设前要对喷射混凝土基面进行认真地检查,不得有钢筋、凸出的管件等尖锐突出物,割除尖锐突出物后,割除部位用砂浆抹平顺。

(2)隧道断面变化处或转弯处的阴角应抹成半径不小于 50 mm 的圆弧。

(3)防水层施工时,基面不得有明水,如有明水,应采取措施封堵或引撑。

(4)防水层表面平顺,无褶皱、无气泡、无破损现象,与冻壁密贴,无紧绷现象。

(5)止水带与衬砌端头模板应正交。

(6)衬砌脱模后,若发现因走模致使止水带过分偏离中心,应适当凿除或填补部分混凝土,对止水带进行纠正。

防水层、止水带实测项目见表 8-12、表 8-13,防水层、止水带施工局部实景见图 8-5、图 8-6。

图8-5　防水层施工局部实景图

图8-6　止水带施工局部实景图

表 8-12　防水层实测项目、规定值、检查方法和频率

项次	检测项目		规定值或允许偏差	检查方法和频率
1	搭接长度(mm)		≥100	尺量:全部搭接均要检查,每个搭接检查 3 处
2	缝宽(mm)	焊接	两侧焊接缝≥25	尺量:每个搭接检查 5 处
		粘贴	黏接宽≥50	
3	固定点间距(mm)	拱部	0.5 ~ 0.7	尺量:检查总数的 10%
		侧墙	1.0 ~ 1.2	

表 8-13　止水带实测项目、规定值、检查方法和频率

项次	检测项目	规定值或允许偏差	检查方法和频率	权值
1	纵向偏离(mm)	±50	尺量:每环 3 处	1
2	偏离衬砌中心线(mm)	≤30	尺量:每环 3 处	1

超前锚杆基本要求:

(1)超前锚杆与隧道轴线外插脚宜为 5 ~ 10 ℃,长度应大于循环进尺 3 ~ 5 m。

(2)超前锚杆与钢架支撑配合使用时,应从钢架腹部穿过,尾端与钢架焊接。

(3)锚杆插入孔径的长度不得短于设计长度的 95% 。锚杆搭接应不小于 1 m。超前锚杆实测项目见表 8-14。

表 8-14　超前锚杆实测项目、规定值、检查方法和频率

项次	检测项目	规定值或允许偏差	检查方法和频率	权值
1	长度(mm)	不小于设计	尺量:检查锚杆数的 10%	2
2	孔位(mm)	±15	尺量:检查锚杆数的 10%	2
3	钻孔深度(mm)	±50	尺量:检查锚杆数的 10%	2
4	孔径(mm)	符合设计要求	尺量:检查锚杆数的 10%	2

表 8-15　超前钢管实测项目、规定值、检查方法和频率

项次	检测项目	规定值或允许偏差	检查方法和频率	权值
1	长度(mm)	不小于设计	尺量:检查 10%	2
2	孔位(mm)	±50	尺量:检查 10%	2
3	钻孔深度(mm)	±50	尺量:检查 10%	2
4	孔径(mm)	符合设计要求	尺量:检查 10%	2

注:超前钢管与钢架支撑配合使用时,应从钢架腹部穿过,尾端与钢架焊接。

第九章　工业与民用建筑的结构检测

- **技术标准:**《建筑工程施工质量验收统一标准》(GB 50300—2001)

　　　　　《建筑工程施工质量评价标准》(GB/T 50375—2006)

　　　　　《建筑地基基础工程施工质量验收规范》(GB 50202—2002)

　　　　　《混凝土结构工程施工质量验收规范》(GB 50204—2011)

- **检测依据:**《建筑结构检测技术标准》(GB 50344—2004)

　　　　　《混凝土中钢筋检测技术规程》(JGJ/T 152—2008)。

第一节　试验检测的概述

　　工业与民用建筑是土木工程中的一个大分支,随着建筑材料、施工方法等的不断更新与发展,人们对于结构安全的重视度越来越强。由于建筑工程产品的形成是一个十分复杂的动态过程,会受到各种不确定因素的影响,因此工业与民用建筑产品就必然存在不同程度的质量问题。这种质量问题只有通过质量检验的试验手段才能发现,通过对其质量问题进行分析、判断,提出解决问题的方法,从而保证建筑工程产品的质量与安全。

一、检测工作的程序

　　建筑结构检测工作程序宜按图9-1进行。

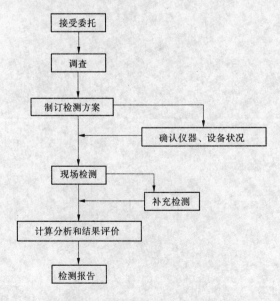

图 9-1　建筑结构检测工作程序框图

二、试验检测的要求

（1）建筑结构的检测应有完备的检测方案，检测方案应征求委托方的意见，并应经过审定。

（2）检测时应确保所使用的仪器设备在检定或校准周期内，并处于正常状态。仪器设备的精度应满足检测项目的要求。

（3）检测的原始记录应记录在专用记录纸上，数据准确，字迹清晰，信息完整，不得追记、涂改，如有笔误，应进行更改。当采用自动记录时，应符合有关要求。原始记录必须由检测及记录人员签字。

（4）检测人员必须经过培训取得上岗资格，对特殊的检测项目，检测人员应有相应的检测资格证书。现场检测工作应由两名或两名以上检测人员承担。

第二节　试验检测的评定方法

一、建筑工程施工质量验收的要求

（1）建筑工程施工质量应符合本标准和相关专业验收规范的规定。

（2）建筑工程施工应符合工程勘察、设计文件的要求。

（3）参加工程施工质量验收的各方人员应具备规定的资格。

（4）工程质量的验收均应在施工单位自行检查评定的基础上进行。

（5）隐蔽工程在隐蔽前应由施工单位通知有关单位进行验收，并应形成验收文件。

（6）涉及结构安全的试块、试件以及有关材料，应按规定进行见证取样检测。

（7）检验批的质量应按主控项目和一般项目验收。

（8）对涉及结构安全和使用功能的重要分部工程应进行抽样检测。

（9）承担见证取样检测及有关结构安全检测的单位应具有相应资质。

（10）工程的观感质量应由验收人员通过现场检查，并应共同确认。

二、建筑工程质量验收的划分

建筑工程质量验收应划分为单位（子单位）工程、分部（子分部）工程、分项工程和检验批。地基与基础、主体结构具体划分方法见表9-1。

（一）单位工程

.（1）具备独立施工条件并能形成独立使用功能的建筑物及构筑物为一个单位工程。

（2）建筑规模较大的单位工程，可将其能形成独立使用功能的部分划分为一个子单位工程。

（二）分部工程

（1）分部工程的划分应按专业性质、建筑部位确定。

（2）当分部工程较大或较复杂时，可按材料种类、施工特点、施工程序、专业系统及类别等划分为若干子分部工程。

(三)分项工程

分项工程按主要工种、材料、施工工艺、设备类别等进行划分,也可由一个或若干检验批组成,检验批可根据施工及质量控制和专业验收需要按楼层、施工段、变形缝等进行划分。

表 9-1　建筑工程分部工程、分项工程划分

序号	分部工程	子分部工程	分项工程
1	地基与基础	无支护土方	土方开挖、土方回填
		有支护土方	排桩、降水、排水、地下连续墙、锚杆、土钉墙、水泥土桩、沉井与沉箱、钢及混凝土支撑
		地基处理	灰土地基、砂和砂石地基、碎砖三合土地基、土工合成材料地基,粉煤灰地基、重锤夯实地基、强夯地基、振冲地基、砂桩地基、预压地基、高压喷射注浆地基、土和灰土挤密桩地基、注浆地基、水泥粉煤灰碎石桩地基、夯实水泥土桩地基
		桩基	锚杆静压桩及静力压桩、预应力离心管桩、钢筋混凝土预制桩、钢桩、混凝土灌注桩(成孔、钢筋笼、清孔、水下混凝土灌注)
		地下防水	防水混凝土,水泥砂浆防水层,卷材防水层,涂料防水层,金属板防水层,塑料板防水层,细部构造,喷锚支护,复合式衬砌,地下连续墙,盾构法隧道,渗排水、盲沟排水,隧道、坑道排水;预注浆、后注浆,衬砌裂缝注浆
		混凝土基础	模板、钢筋、混凝土,后浇带混凝土,混凝土结构缝处理
		砌体基础	砖砌体、混凝土砌块砌体、配筋砌体、石砌体
		劲钢(管)混凝土	劲钢(管)焊接,劲钢(管)与钢筋的连接,混凝土
		钢结构	焊接钢结构、栓接钢结构,钢结构制作,钢结构安装,钢结构涂装
2	主体结构	混凝土结构	模板、钢筋、混凝土、预应力、现浇结构、装配式结构
		劲钢(管)混凝土结构	模板,钢筋,混凝土、预应力、现浇结构、装配式结构
		砌体结构	砖砌体,混凝土小型空心砌块砌体,石砌体,填充墙砌体,配筋砖砌体
		钢结构	钢结构焊接,紧固件连接,钢零部件加工,单层钢结构安装,多层及高层钢结构安装,钢结构涂装,钢构件组装,钢构件预拼装,钢网架结构安装,压型金属板
		木结构	方木和原木结构,胶合木结构,轻型木结构,木构件防护
		网架和索膜结构	网架制作,网架安装,索膜安装,网架防火,防腐涂料

三、建筑工程质量评定

(一)抽样方案

建筑结构检测的抽样方案,可根据检测项目的特点按下列原则选择:

（1）外部缺陷的检测，宜选用全数检测方案。

（2）几何尺寸与尺寸偏差的检测宜选用一次或二次计数抽样方案。

（3）结构连接构造的检测，应选择对结构安全影响大的部位进行抽样。

（4）构件结构性能的实荷检验，应选择同类构件中荷载效应相对较大和施工质量相对较差构件或受到灾害影响、环境侵蚀影响构件中有代表性的构件。

（5）按检测批检测的项目，应进行随机抽样，且最小样本容量宜符合建筑结构抽样检测的最小样本容量的规定（见表9-2）。

表9-2　建筑结构抽样检测的最小样本容量

检测批的容量	检测类别和样本最小容量			检测批的容量	检测类别和样本最小容量		
	A	B	C		A	B	C
2～8	2	2	3	501～1 200	32	80	125
9～15	2	3	5	1 201～3 200	50	125	200
16～25	3	5	8	3 201～10 000	80	200	315
26～50	5	8	13	10 001～35 000	125	315	500
51～90	5	13	20	35 001～150 000	200	500	800
91～150	8	20	32	150 001～500 000	315	800	1 250
151～280	13	32	50	>500 000	500	1 250	2 000
281～500	20	50	80	—	—	—	—

注：检测类别A适用于一般施工质量的检测，检测类别B适用于结构质量或性能的检测，检测类别C适用于结构质量或性能的严格检测或复检。

（6）《建筑工程施工质量验收统一标准》（GB 50300—2001）或相应专业工程施工质量验收规范规定的抽样方案。

（二）评定方法

质量验收的程序与组织应按现行国家标准《建筑工程施工质量验收统一规范》（GB 50300—2001）的规定执行。作为合格标准主控项目应全部合格，一般项目合格数应不低于80％。主控项目必须符合验收标准规定，发现问题应立即处理，直至符合要求，一般项目应有80％合格。检测结果符合设计要求的可按合格验收。

第三节　地基基础检测

建筑地基基础工程是民用建筑的基础与核心，是保障主体结构安全性的重要工作，因此建筑地基基础工程的检测是施工质量检测的重点。

建筑地基基础工程检测包括换填垫层地基、复合地基、桩基础和基坑支护等工作，检测项目及方法要求见表9-3。

表 9-3　建筑地基基础质量检验指标和方法

基础种类	质量检验指标	检验方法
换填垫层地基	含水率	环刀法、贯入仪,静力触探、动力触探、标准贯入试验,十字板剪切试验,现场载荷试验
	压实系数	
	地基承载能力	
	注浆体强度	
	预压地基固结度	
复合地基	桩体强度	混凝土试块试验,钻芯法,标准贯入试验,动力触探,单桩载荷试验,复合地基载荷试验
	桩体完整性	
	桩体及桩间土干密度	
	地基承载能力	
桩基础	单桩承载力	混凝土试块试验,钻芯法
	桩身混凝土强度	
	桩身质量及桩身完整性	
基坑支护	基坑变形监控	监控测量,混凝土试块试验,钻芯法,锚杆和土钉拉拔力试验
	单桩承载力	
	桩身质量及桩身完整性	
	锚杆和土钉拉拔力	
	注浆体和混凝土护坡强度	

一、换填垫层基础

换填垫层基础按换填材料可分为灰土地基、砂和砂石地基、土工合成材料地基、强夯地基、粉煤灰地基、注浆地基、预压地基等。换填垫层基础在工程上有着广泛的应用,下面以强夯地基为例进行说明。

(一)基本要求

(1)地基施工结束,宜在一个间歇期后进行质量验收,间歇期由设计确定。

(2)地基加固工程应在正式施工前进行试验段检测,论证设定的施工参数及加固效果。为验证加固效果应进行荷载试验,所加荷载不得低于设计荷载的 2 倍。

(3)对于换填垫层基础,其竣工后的结果必须达到设计标准。

(4)检验数目应符合规定。

灰土地基处理实景见图 9-2。

(二)强夯地基检测

强夯地基处理后的地基竣工验收应在施工结束后间隔一定时间进行:碎石土和砂土地基,

图 9-2　灰土地基处理施工实景图

间隔时间为 7 ~ 14 d;粉状土和黏性土地基间隔时间为 14 ~ 28 d;强夯置换地基间隔时间可取 28 d。

对于强夯地基处理后的地基承载力检验,应采用原位测试和室内土工试验;强夯置换后的地基承载力检验采用单墩载荷试验检验,并采用动力触探等有效手段查明置换墩着底情况及承载能力与密度随深度的变化情况,对饱和粉土地基允许采用单墩复合地基载荷试验代替单墩载荷试验。强夯基础检测项目及指标见表 9-4。

表 9-4 强夯地基质量检验标准

项目	序号	检查项目	允许偏差或允许值		检查方法
			单位	数值	
主控项目	1	地基强度	设计要求		按规定方法
	2	地基承载力	设计要求		按规定方法
一般项目	1	夯锤落距	mm	±300	钢索设标志
	2	锤重	kg	±100	称重
	3	夯击遍数及顺序	设计要求		计数法
	4	夯点间距	mm	±500	用钢尺量
	5	夯击范围	设计要求		用钢尺量
	6	前后两遍间歇时间	设计要求		按规定方法

强夯地基竣工验收承载力检验数量应根据场地复杂程度和建筑物的重要性确定,对于简单场地,每个建筑物地基的载荷试验检验点不应少于 3 点;复杂场地应增加检验场地。强夯置换地基载荷试验检验和置换墩着底情况检验数量均不应少于墩点数的 1%,且不少于 3 点。

二、复合地基

(一)基本要求

(1)地基施工结束,宜在一个间歇期后进行质量验收,间歇期由设计确定。

(2)地基加固工程应在正式施工前进行试验段检测,论证设定的施工参数及加固效果。为验证加固效果应进行荷载试验,所加荷载不得低于设计荷载的 2 倍。

(3)检测项目符合抽检频率。

(二)水泥土搅拌桩地基

水泥土搅拌桩施工结束后应进行桩身强度、桩体直径及地基承载力检验。对于承受竖向力的水泥土搅拌桩承载力应采用单桩载荷试验和复合地基载荷试验,检测时间宜选在成桩的 28 d 后进行,抽检数为桩总数的 0.5% ~ 1%,且不少于 3 点。具体检测标准见表 9-5。

(三)高压喷射注浆桩地基

高压喷射注浆桩地基施工结束后,应检验桩体强度、平均直径、桩中心位置、桩体质量及承载力等。桩体质量及承载力检验应在施工结束后的 28 d 进行,抽检数量为孔数的 1% 且不少于 3 点,检测点应布置在下列部位:代表性的桩位;施工中出现异常的部位;地基复杂,可能对高压喷射注浆质量产生影响的部位。

表 9-5　水泥土搅拌桩地基质量检验标准

项目	序号	检查项目	允许偏差或允许值		检查方法
			单位	数值	
主控项目	1	水泥及外掺剂质量	设计要求		按规定方法
	2	水泥用量	参数指标		查看流量计
	3	桩体强度	设计要求		按规定方法
	4	地基承载力	设计要求		按规定方法
一般项目	1	机头提升速度	m/min	≤0.5	量机头上升距离及时间
	2	桩底标高	mm	±200	测机头深度
	3	桩顶标高	mm	−50 100	水准仪
	4	桩位偏差	mm	<50	用钢尺量
	5	桩径		$<0.04D$	用钢尺量
	6	垂直度	%	≤1.5	经纬仪
	7	搭接	mm	>200	用钢尺量

高压喷射注浆可根据工程要求和当地经验采用开挖检验、取芯、标准贯入试验、载荷试验或围井注水试验等方法进行检验,并结合工程检测、观测资料及实际效果综合评价加固效果。质量检验标准见表 9-6。

表 9-6　高压喷射注浆桩地基质量检验标准

项目	序号	检查项目	允许偏差或允许值		检查方法
			单位	数值	
主控项目	1	水泥及外掺剂质量	符合出厂要求		查看产品合格证书并抽检
	2	水泥用量	设计要求		查看流量表及水泥浆水灰比
	3	桩体强度或完整性检验	设计要求		按规定方法
	4	地基承载力	设计要求		按规定方法
一般项目	1	钻孔位置	mm	≤50	用钢尺量
	2	钻孔垂直度	%	≤1.5	经纬仪测钻杆或实测
	3	孔深	mm	±200	用钢尺量
	4	注浆压力	按设定参数指标		查看压力表
	5	桩体搭接	mm	>200	用钢尺量
	6	桩体直径	mm	≤50	开挖后用钢尺量
	7	桩身中心允许偏差		$≤0.2D$	开挖后桩顶下 500 mm 处用钢尺量

注:D 为柱径。

三、桩基础

(一)基本要求

(1)桩位偏差符合规范要求。

(2)工程桩应进行承载力检验。设计等级为甲级或地质条件复杂应采用静载荷试验，并符合设计要求。

(3)桩身质量及完整性检验应满足设计要求。

(4)对于一般项目除明确规定外,应抽检20%,但混凝土灌注桩应100%检验。

(二)静力压桩

静力压桩质量检验标准及方法见表9-7。

表9-7 静力压桩质量检验标准

项目	序号	检查项目	允许偏差或允许值		检查方法
			单位	数值	
主控项目	1	桩体质量检验	设计要求		JGJ 106—2003 规定
	2	桩体偏差	设计要求		用钢尺量
	3	承载力	设计要求		JGJ 106—2003 规定
一般项目	1	成品桩质量	表面平整、颜色均匀,掉角深度<10 mm,蜂窝面积<0.5%		观察
	2	硫磺胶泥质量	设计要求		查产品合格证书或抽检送样
	3	接桩	mm	≤50	秒表测定
	4	电焊条质量	mm	±150	查产品合格证书或抽检送样
	5	压桩压力	%	≤1.5	查压力表读数
	6	平面偏差	mm	<10	用钢尺量
		弯曲矢高		<1/100 L	
	7	桩顶标高	mm	±50	水准仪

注:L为桩长。

(三)混凝土灌注桩

混凝土灌注桩施工结束后,应检查混凝土强度、桩体质量、承载能力。桩顶标高至少高出设计标高0.5 m,每50 m³留一组试件,少于50 m³的,每根桩留一组试件。具体检查项目见表9-8。

混凝土灌注桩施工实景见图9-3。

四、基坑支护

(一)基本要求

基坑、基槽、管沟土方工程验收必须保证支护结构安全和周围环境安全为前提。有设计指标时,以设计要求为依据;无设计指标时,以表9-9的规定进行。

图9-3　混凝土灌注桩施工实景图

表9-8　混凝土灌注桩质量检验

项目	序号	检查项目	允许偏差或允许值		检查方法
			单位	数值	
主控项目	1	桩位	设计要求		基坑开挖前量护筒,开挖后量桩中心
	2	孔深	mm	+300,0	只深不浅,用重锤量或测钻杆、套筒长度等
	3	桩体质量	设计要求		JGJ 106—2003 规定
	4	混凝土强度	设计要求		试件报告或钻芯取样
	5	承载力	设计要求		JGJ 106—2003 规定
一般项目	1	垂直度	<0.5% ~1%		测套筒或钻杆、超声波探测,干施工挂垂球
	2	桩径	设计要求		井径器或超声探测,干施工用钢尺量
	3	泥浆比重	kg/m³	1.15 ~1.20	比重计
	4	泥浆面标高	m	0.5 ~1.0	目测
	5	沉渣厚度	mm	端承桩≤50,摩擦桩≤150	沉渣仪或重锤
	6	混凝土坍落度	mm	水下:160 ~220 干施工:70 ~100	坍落度仪
	7	钢筋笼安装深度	mm	±100	用钢尺量
	8	混凝土充盈系数	>1		检查每根桩的实际灌注量
	9	桩顶标高	mm	+30, -50	水准仪

表 9-9　基坑变形监控值

基坑类别	围护结构墙顶位移监控值	围护结构墙体最大位移监控值	地面最大沉降监控值
一级基坑	3	5	3
二级基坑	6	8	6
三级基坑	8	10	10

(二)排桩墙支护

(1)排桩墙支护结构包括灌注桩、预制桩、板桩等支护类型,其中灌注桩和预制桩应满足桩基质量检验的要求。

(2)灌注桩宜采用低应变动测法测桩身完整性,检测数量不少于总桩数10%,且不少于5根。

(三)水泥土桩墙支护

(1)水泥土桩墙支护结构采用水泥搅拌桩或高压喷射注浆桩,其质量检验应满足复合地基质量检测的规定。

(2)水泥土桩墙应在施工后一周内开挖检查或钻芯取样法测成桩质量。

(3)水泥土桩墙应在设计开挖期采用钻芯法测桩身完整性,钻芯数量不少于总桩数的2%,且不少于3根,并根据设计要求取样进行单轴抗压强度试验。

基坑排桩墙支护实景见图9-4。

图9-4　基坑排桩墙支护施工实景图

(四)锚杆支护

锚杆支护的质量检验标准应满足表9-10的要求。

表 9-10　锚杆支护的质量检验标准

项目	序号	检查项目		允许偏差或允许值		检查方法
				单位	数值	
主控项目	1	锚杆杆体长度		mm	±30	用钢尺量
	2	锚杆锁定力		设计要求		现场抗拔试验
一般项目	1	锚杆位置		mm	±100	用钢尺量
	2	钻孔倾斜度		(°)	±1	测钻机的倾角、测斜仪
	3	浆体强度和墙体强度		设计要求		试样送检
	4	注浆量		大于理论计算浆量		检查计量数据
	5	杆体插入长度	全长黏结型锚杆	不小于设计长度的95%		用钢尺量
			预应力锚杆	不小于设计长度的98%		

基坑锚杆支护施工实景见图9-5。

（五）地下连续墙支护

（1）作为永久结构的地下连续墙，土方开挖后应进行逐段检查，钢筋混凝土底板应符合《混凝土结构工程施工质量验收规范》（GB 50204—2010）的规定；抗渗质量应满足《地下防水工程施工质量验收规范》（GB 50208—2002）的规定。

图9-5　基坑锚杆支护施工实景图

（2）每50 m^3 地下连续墙应做一组试件，每幅槽段不得少于1组。地下连续墙宜采用声波透射法检测墙身结构质量，检测槽段不应少于总段数的20%，且不应少于3个槽段。

（3）地下连续墙质量检验应满足表9-11的规定。

表9-11　地下连续墙质量检验标准

项目	序号	检查项目		允许偏差或允许值		检查方法
				单位	数值	
主控项目	1	墙体强度		设计要求		查试件记录或取芯试压
	2	垂直度	永久建筑		1/300	声波测槽仪或成槽机上的检测系统
			临时建筑		1/150	
一般项目	1	导墙尺寸	宽度	mm	$W+40$	钢尺量，W 为地下墙的设计厚度
			墙面平整度	mm	<5	
			导墙平面位置	mm	±10	
	2	沉渣厚度	永久建筑	mm	≤100	重锤测或沉积物测定仪
			临时建筑	mm	≤200	
	3	槽深		mm	+100,0	重锤测
	4	混凝土坍落度		mm	180~220	坍落度仪
	5	钢筋笼尺寸		设计要求		按规定方法
	6	地下墙表面平整度	永久建筑	mm	<100	为均匀黏土层，松散及易塌土层由设计定
			临时建筑	mm	<150	
			插入式结构	mm	<20	
	7	永久结构时的预埋件位置	水平向	mm	≤10	用钢尺量
			垂直向	mm	≤20	水准仪

（六）沉井与沉箱支护

沉井或沉箱竣工后应检验其平面位置、终端标高、结构完整性、渗水等性质，其质量应满足表9-12的规定。沉井支护实景见图9-6。

表 9-12　沉井(沉箱)质量检验标准

项目	序号	检查项目		允许偏差或允许值		检查方法
				单位	数值	
主控项目	1	混凝土强度		设计要求		查试件记录或取芯试压
	2	封底前,沉井的下沉稳定		mm/8 h	<10	水准仪
	3	封底结束后的位置	刃脚平均标高	mm	<10	水准仪,经纬仪;H 为总下沉深度,$H<10$ m 时,控制在 100 mm 以内;l 为两角距离,$l<10$ m 时,控制在 100 mm 以内
			刃脚平面中心线位移	mm	<1%H	
			四角中任意两角的底面高差	mm	<1%l	
一般项目	1	原材料检查		设计要求		查出厂质保书,抽样送检
	2	结构体外观		无裂缝、蜂窝、空洞、不露筋		观察
	3	平面尺寸		%	±0.5	用钢尺量,控制在 100 mm 以内
		曲线部分半径		%	±0.5	用钢尺量,控制在 50 mm 以内
		两对角线差		%	1	用钢尺量
		预埋件		mm	20	用钢尺量
	4	下沉中的偏差	高差	%	1.5~2	水准仪,但最大不超过 1 m
			平面轴线		<1.5%H	经纬仪;H 为下沉深度
	5	封底混凝土坍落度		cm	18~22	坍落度仪

图 9-6　沉井支护实景

第四节　混凝土结构检测

随着建筑的结构变化,混凝土已经成为目前民用建筑的主要建筑材料之一,因此现浇混凝土及预制混凝土结构与构件质量或性能的检测成为保障结构安全的重要手段之一。

混凝土结构的检测可分为原材料性能、混凝土强度、混凝土构件外观质量与缺陷、尺寸与偏差、变形与损伤和钢筋配置等项工作。必要时,可进行结构构件性能的实荷检验或结构的动力测试。

一、混凝土原材料的质量、性能检测

对与结构中同批、同等级的剩余原材料,可按有关产品标准和相应检测标准的规定对与结构工程质量问题有关联的原材料进行检验;当工程没有与结构中同批、同等级的剩余原材料时,可从结构中取样,检测混凝土的相关质量或性能。

(1)水泥检测项目:强度、凝结时间、体积安定性等。

(2)砂石材料检测项目:粒径、级配、质量等。

(3)外掺材料检测项目:外掺质量、效用等。

二、混凝土强度检测

混凝土强度检测应在混凝土浇筑地点制备,并以与结构混凝土采取相同养护方法的试件强度为依据。当对试件强度结果有怀疑时,可采用现场混凝土强度检测方法进行检验。混凝土结构现场检测是在已硬化的混凝土构件上进行的检测,当对混凝土试件强度评定不合格、试件与结构或构件混凝土强度不一致,或对试件强度有怀疑时,可采用回弹法、后装拔出法、钻芯法、超声回弹综合法等。

(一)回弹法

回弹法运用回弹仪通过测定混凝土表面的硬度,以推算混凝土的强度,是混凝土结构现场检测中最常用的一种非破损检测方法,属于无损检测法。

回弹法检测混凝土构件实景见图9-7。

图9-7　回弹法检测混凝土构件实景图

(二)后装拔出法

后装拔出法是在已硬化的混凝土构件上钻孔、磨槽、嵌入锚固件并安装拔出仪进行拔出试验,测定极限拉拔力,按已建立的关系曲线推算混凝土抗压强度值的微破损方法。

(三)钻芯法

钻芯法是从混凝土结构中钻取芯样,以测定混凝土结构的强度值,属于有损检测的方法。它适用于对试件强度有怀疑,对混凝土受冻、火灾、化学侵蚀等的损害,也适用于多年建筑的混凝土强度评定。

（四）超声回弹综合法

超声回弹综合法采用低频超声波检测仪和标准动能为 2.207 J 的回弹仪,在结构或构件混凝土同一测区分别测量声时(t)及回弹值(R),利用已建立的测强公式,推算测区混凝土强度值(f_c,c_u)的一种方法。

三、混凝土构件外观质量与缺陷

混凝土构件外观质量与缺陷的检测可分为蜂窝、麻面、孔洞、夹渣、露筋、裂缝、疏松区和不同时间浇筑的混凝土结合面质量等项目(见图9-8)。外观缺陷,可采用目测与尺量的方法检测。

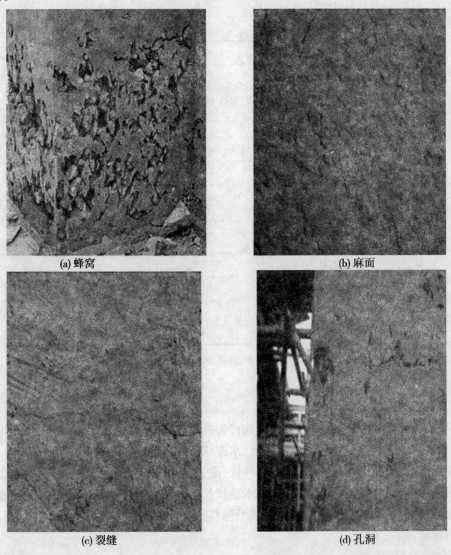

(a) 蜂窝   (b) 麻面

(c) 裂缝   (d) 孔洞

图9-8　混凝土外观缺陷

混凝土内部缺陷的检测,可采用超声法、冲击反射法等非破损方法,必要时可采用局部破损方法对非破损的检测结果进行验证。

四、尺寸与偏差

混凝土结构构件的尺寸与偏差的检测有构件截面尺寸、标高、轴线尺寸、预埋件位置、构件垂直度、表面平整度等项目,一般采用尺量、挂重锤、测量手段等,如表 9-13 所示。

表 9-13　现浇混凝土结构尺寸允许偏差和检验方法

项目			允许偏差(mm)	检验方法
轴线位置	基础		15	钢尺检查
	独立基础		10	
	墙、柱、梁		8	
	剪力墙		5	
垂直度	层高	≤5 m	8	经纬仪或吊线、钢尺检查
		>5 m	10	经纬仪或吊线、钢尺检查
	全高(H)		H/1 000 且 ≤30	经纬仪、钢尺检查
标高	层高		±10	水准仪或拉线、钢尺检查
	全高		±30	
截面尺寸			+8,-5	钢尺检查
电梯井	井筒长、宽对定位中心线		+25,0	钢尺检查
	井筒全高(H)垂直度		H/1 000 且 ≤30	经纬仪、钢尺检查
表面平整度			8	2 m 靠尺和塞尺检查
预埋设施中心线位置	预埋件		10	钢尺检查
	预埋螺栓		5	
	预埋管		5	
预埋洞中心线位置			15	钢尺检查

注:检查轴线、中心线位置时,应沿纵、横两个方向量测,并取其中的较大值。

五、变形

混凝土结构或构件变形的检测可分为构件的挠度、结构的倾斜和基础不均匀沉降等项目。

混凝土构件的挠度可采用激光测距仪、水准仪或拉线等方法检测。

混凝土构件或结构的倾斜,可采用经纬仪、激光定位仪、三轴定位仪或吊锤的方法检测。

混凝土结构的基础不均匀沉降,可用水准仪检测;当需要确定基础沉降的发展情况时,应在混凝土结构上布置测点进行观测,观测操作应遵守《建筑变形测量规程》(JGJ/T 8—2007)的规定。

六、结构实体钢筋保护层厚度检验

(一)钢筋保护层厚度检验的结构部位和构件数量的要求

(1)钢筋保护层厚度检验的结构部位,应由监理(建设)、施工等各方根据结构构件的重要性共同选定。

（2）对梁类、板类构件应各抽取构件数量的 2%，且不少于 5 个构件进行检验。当有悬挑构件时，抽取的构件中悬挑梁类、板类构件所占比例均不宜小于 50%。

（3）对选定的梁类构件，应对全部纵向受力钢筋的保护层厚度进行检验，对选定的板类构件应抽取不少于 6 根纵向受力钢筋的保护层厚度进行检验，对每根钢筋应在有代表性的部位测量 1 点。

（二）钢筋保护层厚度的基本要求

钢筋保护层厚度的检验，可采用非破损或局部破损的方法，也可采用非破损方法，并用局部破损方法进行校准；当采用非破损方法检验时，所使用的检测仪器应经过计量检验，检测操作应符合相应规程的规定，钢筋保护层厚度检验的检测误差不应大于 1 mm。

钢筋保护层厚度检验时，纵向受力钢筋保护层厚度的允许偏差对梁类构件为 7 ~ 10 mm。对板类构件为 5 ~ 8 mm。

对梁类、板类构件纵向受力钢筋的保护层厚度，应分别进行验收，结构实体钢筋保护层厚度验收应符合下列规定：

（1）当全部钢筋保护层厚度检验的合格点率为 90% 及以上时，钢筋保护层厚度的检验结果应判为合格。

（2）当全部钢筋保护层厚度检验的合格点率小于 90%，但不小于 80%，可再抽取相同数量的构件进行检验。

当按两次抽样总和计算的合格点率为 90% 及以上时，钢筋保护层厚度的检验结果仍应判为合格。

（3）每次抽样检验结果中不合格点的最大偏差均不应大于允许偏差的 1.5 倍。

（三）检测方法

1. 电磁感应法钢筋探测仪检测技术

检测前应根据检测结构构件所采用的混凝土，对电磁感应法钢筋探测仪进行校准。检测前应先对被测钢筋进行初步定位。

进行钢筋位置检测时，探头有规律地在检测面上移动，直到仪器显示接收信号最强或保护层厚度值最小时，结合设计资料判断钢筋位置，此时探头中心线与钢筋轴线基本重合，在相应位置做好标记。

2. 雷达法检测技术

雷达法适用于结构和构件的大面积扫描检测。检测前应根据检测结构构件所采用的混凝土，对雷达仪进行介电常数的校准。

根据工程资料，确定检测条件，选择满足检测精度要求的仪器，必要时应进行实验室标定。

根据被测结构或构件中钢筋的排列方向，雷达仪探头或天线垂直于被测钢筋轴线方向扫描，仪器采集并记录下被测部位的反射信号，经过适当处理后，仪器可显示被测部位的断面图像，根据显示的钢筋反射波位置可推算钢筋深度和间距。检测钢筋间距时，被测钢筋根数不宜少于 7 根（6 个间隔）。

第三篇　试验检测相关知识

第十章　试验检测的基本概念

第一节　误　差

一、误差

所谓误差，就是测得值与被测值的真值之间的差，可以用式（10-1）表示

$$\delta = x - a \tag{10-1}$$

式中　δ——测量误差，又称真误差；

　　　x——测量结果，由测量所得到的被测量值；

　　　a——被测量的真值。

二、真值

真值是与给定的特定量的定义一致的值。

任何量在特定的条件下（时间、空间、状态）都有其客观的实际值，也即真值。有的量的真值是已知的，如三角形的内角和为180°，一个圆的圆心角为360°，按定义规定的国际千克基准的值可认为真值是1 kg等，都是其真值，这种真值又称理论真值。理论真值是已知的，但大多数的真值是不可知的、待估计的。

三、约定真值

由于大多数真值无法获得，则误差就无法计算，也无法进一步进行误差的研究，因而必须找出真值的最佳估计值即约定真值。约定真值通常由以下方式获得：

在给定点，取由参考标准复现而赋予该量的量值。在我国的计量检定系统表中，按$1/3 \sim 1/10$准则确定的高一级标准器具所复现的量值相对于低一级标准（或计量器具）的测量值来说，是约定值。高一级标准器具的误差在这种条件下可忽略不计。

四、残余误差

残余误差指测量结果减去被测量结果的最佳估计值，按式（10-2）计算

$$v = x - \bar{x} \qquad (10\text{-}2)$$

式中 $\bar{x}$——残余误差,简称残差;

v——真值的最佳估计值,也称约定真值。

五、绝对误差

按式(10-2)定义的误差称为误差表示的绝对形式。

绝对误差可用作为同一数量级测量结果误差大小的比较,由式(10-2)可知,绝对误差可能是正值或负值。

六、相对误差

绝对误差与被测值真值的比值称为相对误差。若测得值与真值接近,故也可近似用绝对误差与测得值之比值作为相对误差。即

$$r = \frac{\delta}{a} \qquad (10\text{-}3)$$

式中 δ——绝对误差;

a——真值;

r——相对误差。

由于绝对误差可能为正值或负值,因此相对误差也可能为正值或负值。

相对误差一般用百分数表示。对于相同的被测量,绝对误差可以评定其测量精度高低,但对于不同的被测量以及不同的物理量,绝对误差就难以评定其测量精度的高低,而采用相对误差来评定较为确切。

七、引用误差

所谓引用误差,指的是一种简化和使用方便的仪器仪表表示值的相对误差。它是以仪器仪表某一刻度点的示值误差为分子,以测量范围上限值或全量程为分母,所得的比值称为引用误差。即

$$r_a = \frac{\Delta}{A} \qquad (10\text{-}4)$$

式中 r_a——测量仪器的引用误差;

Δ——测量仪器的误差,一般指测量仪器的示值误差;

A——测量仪器的特定值,一般又称为引用值,通常是测量仪器的量程。

八、系统误差

在同条件下,多次测量同一量值时,绝对值和符号保持不变,或在条件改变时,按一定规律变化的误差称为系统误差。例如,标准量值的不准确、仪器刻度的不准确而引起的误差。

系统误差又可按下列方法分类:

(1)按对误差掌握的程度分。

已定系统误差是指误差绝对值和符号已经确定的系统误差。

未定系统误差是指误差绝对值和符号未能确定的系统误差,但通常可估计出误差范围。

（2）按误差出现规律分类。

不变系统误差是指误差绝对值和符号为固定的系统误差。

变化系统误差是指误差绝对值和符号为变化的系统误差。按其变化规律，又可分为线性系统误差、周期性系统误差和复杂规律系统误差等。

九、随机误差

在同一测量条件下，多次测量同一量值时，绝对值和符号以不可预定方式变化着的误差称为随机误差。例如，仪器仪表中传动部件的间隙和摩擦、连接件的弹性变形等引起的示值不稳定。

十、粗大误差（又名偶然误差）

超出在规定条件下预期的误差称为粗大误差，或称"寄生误差"。此误差值较大，明显歪曲测量结果，如测量时对错了标志、读错或记错了数，使用有缺陷的仪器以及在测量时因操作不细心而引起的过失性误差等。

第二节　精　度

反映测量结果与真值接近程度的量，称为精度。它与误差的大小相对应，因此可用误差大小表示精度的高低。误差小则精度高，误差大则精度低。

（1）精密度：它反映测量结果中随机误差的影响程度。

（2）准确度：它反映测量结果中系统误差的影响程度。

（3）精确度：它反映测量结果中系统误差和随机误差的综合影响程度，其定量特征可用测量的不确定度（或极限误差）来表示。

（4）测量的准确度。

准确度指测量结果与被测量的真值之间的一致程度。

准确度是描述测量结果质量的术语，其译义与习惯用语"精确"相同，但与"精密度"术语不同。精密度是指在重复性测量条件下，反映测量结果中随机误差的影响程度。

（5）测量不准确度。

不准确度指表征合理的赋予被测量之值的分散性，与测量结果相联系的参数。

第三节　测量数据的统计特征量

统计特征量用来表示测量数据统计分布及其某些特征的量，一般分为两类：一类表示数据集中位置，如算术平均值、中位数等；另一类表示数据的离散程度，主要有极差、标准误差、变异系数等。

一、算术平均值

算术平均值是表示一组数据集中位置最有用的统计特征量，通常在数据处理中所用的均值指的是算术平均值。算术平均值 m_x 按式（10-5）计算

$$m_x = \frac{1}{n} \sum_{i=1}^{n} x_i \qquad (10\text{-}5)$$

式中　n——观测次数；

　　　x_i——第 i 次测量值。

二、中位数

在一组数据 x_1、x_2、x_3、$\cdots$、x_n 中，按其大小次序排序，以排在正中间的一个数表示总体的平均水平，称为中位数，或中值，用 x 表示。n 为奇数时，正中间的数只有一个；n 为偶数时，正中间的数有两个，则取这两个数的平均值作为中位数，即

$$x = \begin{cases} x_{\frac{n+1}{2}} & (n\ \text{为奇数}) \\ \dfrac{1}{2}\left(x_{\frac{n}{2}} + x_{\frac{n}{2}+1}\right) & (n\ \text{为偶数}) \end{cases} \qquad (10\text{-}6)$$

三、极差

极差是表示数据离差的范围，也可用来度量数据的离散性。极差是测量数据中最大值和最小值之差。极差 R 按式(10-7)计算

$$R = x_{\max} - x_{\min} \qquad (10\text{-}7)$$

四、标准误差

标准误差也称均方根误差、标准离差、均方差。通常用标准误差来表示误差的大小范围。

当测量次数为无限多时，用 σ 表示标准误差。其公式为

$$\sigma = \sqrt{\frac{\sum_{i=1}^{n}(x_i - m_x)^2}{n}} = \sqrt{\frac{\sum_{i=1}^{n}(x_i^2 + m_x^2 - 2x_i m_x)}{n}} \qquad (10\text{-}8)$$

当测量次数为有限时，尤其是 $n > 5$ 时，其标准误差用 s 表示，其公式为

$$s = \sqrt{\frac{\sum_{i=1}^{n}(x_i - m_x)^2}{n}} = \sqrt{\frac{\sum_{i=1}^{n}(x_i^2 + m_x^2 - 2x_i m_x)}{n}} \qquad (10\text{-}9)$$

式中　σ、s——标准误差；

　　　x_i——各试验数据值；

　　　m_x——试验数值算术平均值。

　　　n——试验数据个数。

五、变异系数(又名离差系数、标准偏差、偏差系数)

标准误差是反映数据绝对波动状况的指标，当测量较大的量值时，绝对误差一般较大，而测量较小的量值时，绝对误差一般较小。因此，用相对波动的大小，即变异系数更能反映样本数据的波动性

$$C_v(\%) = \frac{s}{m_x} \times 100\% \qquad (10\text{-}10)$$

式中　C_v——变异系数(%);

　　　s——标准误差;

　　　m_x——试验数值算术平均值。

六、小练习

(1)什么是误差、绝对误差和相对误差?

(2)简述引用误差、系统误差、随机误差和粗大误差的特点。

(3)简述精密度、准确度和精确度三者之间的区别。

(4)某路段测得弯沉值(单位 0.01 mm)分别为 100、102、101、110、95、98、93、96、103、104,计算其算术平均值、中位数、标准差和变异系数。

第十一章 数据的修约规则

工程质量控制、评价是以数据为依据,质量控制中常说"一切用数据说话",就是要用数据来反映工序质量状况及判断质量效果。

第一节 概 述

一、基本术语

(一)修约间隔

修约间隔是确定修约保留位数的一种方式。修约间隔的数值一经确定,修约值即应为该数值的整数倍。

例1:如指定修约间隔为 0.1,修约值即应在 0.1 的整数倍中选取,相当于将数值修约到一位小数。

例2:如指定修约间隔为 100,修约值即应在 100 的整数倍中选取,相当于将数值修约到"百"数位。

(二)有效位数

对没有小数位且以若干个零结尾的数值,从非零数字最左一位向右数得到的位数减去无效零(即仅为定位用的零)的个数;对其他十进位数,从非零数字最左一位向右数而得到的位数,就是有效位数。

例1:35 000,若有两个无效零,则为三位有效位数,应写为 350×10^2;若有三个无效零,则为两位有效位数,应写为 35×10^3。

例2:3.2、0.32、0.032、0.003 2 均为两位有效位数;0.032 0 为三位有效位数。

例3:12.490 为五位有效位数,10.00 为四位有效位数。

(三)0.5 单位修约

0.5 单位修约又称半个单位修约,指修约间隔为指定数位的 0.5 单位,即修约到指定数位的 0.5 单位。0.5 单位修约时,将拟修约的数值乘以 2,按指定数值以进舍规则修约,所得数值再除以 2。

例如,将 60.28 修约到个数位的 0.5 单位,得 60.5。

(四)0.2 单位修约

0.2 单位修约指修约间隔为指定数位的 0.2 单位,即修约到指定数位的 0.2 单位。单位修约时,将拟修约数值乘以 5,按指定数值依进舍规则修约,所得数值再除以 5。

例如,将 832 修约到"百"数位的 0.2 单位,得 840。

二、确定修约位数的表达方式

(1)指定数位。

①指定修约间隔为 $10n$（n 为正整数），或指明将数值修约到 n 位小数；

②指定修约间隔为 1，或指明将数值修约到个位数；

③指定修约间隔为 $10n$，或指明将数值修约到 $10n$ 数位（n 为正整数），或指明将数值修约到"十"、"百"、"千"……数位。

（2）指定将数值修约成 n 位有效位数。

三、进舍规则

（1）拟舍弃数字的最左一位数字小于 5 时，则舍去，即保留的各位数字不变。

例1：将 12.149 8 修约到一位小数，得 12.1。

例2：将 12.149 8 修约成两位有效位数，得 12。

（2）拟舍弃数字的最左一位数字大于 5，或者是 5，而其后跟有并非全部为 0 的数字时，则进一，即保留的末位数字加 1。

例1：将 1 268 修约到"百"数位，得 13×10^2（特定时可写为 1 300）。

例2：将 1 268 修约成三位有效位数，得 127×10（特定时可写为 1 270）。

例3：将 10.502 修约到个数位，得 11。

（3）拟舍弃数字的最左一位数字为 5，而右面无数字或皆为 0 时，若所保留的末位数字为奇数（1,3,5,7,9）则进一，为偶数（2,4,6,8,0）则舍弃。

例1：修约间隔为 0.1

拟修约数值	修约值
1.050	1.0
0.350	0.4

例2：修约间隔为 1 000（或 10^3）

拟修约数值	修约值
2 500	2×10^3（特定时可写为 2 000）
3 500	4×10^3（特定时可写为 4 000）

例3：将下列数字修约成两位有效位数

拟修约数值	修约值
0.032 5	0.032
32 500	32×10^3（特定时可写为 32 000）

（4）负数修约时，先将它的绝对值按上述规定进行修约，然后在修约值前面加上负号。

例：将下列数字修约到"十"数位

拟修约数值	修约值
-355	-36×10（特定时可写为 -360）
-325	-32×10（特定时可写为 -320）

四、质量数据

质量数据就其本身特性可分为计量值数据和计数值数据。

（一）计量值数据

计量值数据是可以连续取值的数据，如长度、厚度、直径、强度、化学成分等质量特征，表现形式是连续型的,一般都是可以用检测工具或仪器等测量(试验)的。这些质量特征的测量数据一般都带有小数。

(二)计数值数据

有些反映质量状况的数据是不能用测量器具来度量的。为了反映或描述属于这些类型内容的质量状况,而又必须用数据来表示时,便采用计数的办法,即用 1、2、3…连续地数出个数或次数,凡属于这样性质的数据即为计数值数据。计数值数据的特点是不连续,如不合格品数、不合格构件数、缺陷的点数等,并只能出现 0、1、2…等非负的整数,不可能有小数。

五、不允许连续修约

数值修约简明口诀:"四舍六入五看右,五后有数进上去,尾数为 0 向左看,左数奇进偶舍弃"。

第二节　修改规则

现在被广泛使用的数字修约规则主要有四舍五入规则和四舍六入五留双规则。

一、四舍五入规则

四舍五入规则是人们习惯采用的一种数字修约规则。

四舍五入规则的具体使用方法是:在需要保留有效数字的位次后一位,逢五就进,逢四就舍。

例如:将数字 2.187 5 精确保留到千分位(小数点后第三位),因小数点后第四位数字为 5,按照此规则应向前一位进一,所以结果为 2.188。同理,将下列数字全部修约为四位有效数字,结果为:

0.536 64——0.536 6	10.275 0——10.28
18.065 01——18.07	0.583 46——0.583 5
16.405 0——16.40	27.185 0——27.18

按照四舍五入规则进行数字修约时,应一次修约到指定的位数,不可以进行数次修约,否则将有可能得到错误的结果。

例如:将数字 15.456 5 修约为两位有效数字时,应一步到位:15.456 5——15(正确)。

如果分步修约将得到错误的结果:15.456 5——15.457——15.46——15.5——16(错误)。

二、四舍六入五留双规则

四舍五入修约规则,逢五就进,必然会造成结果的系统偏高,误差偏大,为了避免这样的状况出现,尽量减小因修约而产生的误差,在某些时候需要使用四舍六入五留双的修约规则。

四舍六入五留双规则的具体方法是:

(1)当尾数小于或等于 4 时,直接将尾数舍去。

例如:将下列数字全部修约为四位有效数字,结果为:

0.536 64——0.536 6	10.273 1——10.27
18.504 9——18.50	0.583 44——0.583 4
16.400 5——16.40	27.182 9——27.18

（2）当尾数大于或等于 6 时，将尾数舍去并向前一位进位。

例如：将下列数字全部修约为四位有效数字，结果为：

0.536 66——0.536 7	8.317 6——8.318
16.777 7——16.78	0.583 87——0.583 9
10.295 01——10.30	21.019 1——21.02

（3）当尾数为 5，而尾数后面的数字均为 0 时，应看尾数"5"的前一位：若前一位数字此时为奇数，就应向前进一位；若前一位数字此时为偶数，则应将尾数舍去。数字"0"在此时应被视为偶数。

例如：将下列数字全部修约为四位有效数字，结果为：

0.153 050——0.153 0	0.153 750——0.153 8
12.645 0——12.64	12.735 0——12.74
18.275 0——18.28	21.845 000——21.84

（4）当尾数为 5，而尾数"5"的后面还有任何不是 0 的数字时，无论前一位在此时为奇数还是偶数，也无论"5"后面不为 0 的数字在哪一位上，都应向前进一位。

例如：将下列数字全部修约为四位有效数字，结果为：

0.326 552——0.326 6	12.645 01——12.65
12.735 07——12.74	18.275 09——18.28
21.845 02——21.85	38.305 000 001——38.31

按照四舍六入五留双规则进行数字修约时，也应像四舍五入规则那样，一次性修约到指定的位数，不可以进行数次修约，否则得到的结果也有可能是错误的。例如，将数字10.2749945001修约为四位有效数字时，应一步到位：

10.274 994 500 1——10.27（正确）。

如果按照四舍六入五留双规则分步修约，将得到错误结果：10.274 994 500 1——10.274 995——10.275——10.28（错误）。

三、小练习

（1）现在广泛使用的数字修约规则主要有哪两种？

（2）公路工程中为何常采用"四舍六入五留双"规则而不用"四舍五入"规则？其方法是什么？请简要说明。

（3）请修约以下数据：16.453 6（保留两位小数），134.555（保留整数），12.151 6（保留一位小数），19.995（保留两位小数），8.050 001（保留一位小数），16.786 5（保留三位小数），10.35（保留一位小数）。

附　录

附录一　公路工程混合料拌和设备技术常见名词英汉对照表

预备作业清单	prepare order
配方	recipe
系统测试	system test
系统参数	system parameters
材料结算	balancing
仿真	simulation
自动化资料处理	datahandling
修改配方	change recipe
配方显示	recipe display
配方清单	recipe list
系统测试	system Test
搅拌停止开关	stop switch
石料门关闭	aggreg bin door closed
搅拌暂停开关	halt switch
粉料门开关	filler door closed
搅拌启动开关	start switch
沥青门关闭	bitumen door closed
石料手/自动选择	m/a aggregates
粉料手/自动选择	m/a filler
环保锅门开	drip door open
沥青手/自动选择	m/a bitumen
搅拌器门开	mixer door open
SMA 手/自动选择	m/a grenulat
搅拌器手/自动	sixer door closed
搅拌器运行	mixer running
添加剂门	additive door
搅拌器过载	mixer overloaded
粉料螺旋	filler screw
添加剂传感器	with additive sensor additive
小车落下	skip down
小车升起	skip rail raised

添加剂按钮	add push button
SMA 称量斗满	cyclon full
SMA 称量斗空	cyclon empty
称量斗重量显示	scales
成品料仓 1	hotbin 1 full
成品料仓 1 料位	hotbin 1 in pos.
石料手动称量 1	man. agg. 1
基本参数	base parameter
日期和时间	date and time
错误文件	error file
（一般不用）	silo – kor. values
称量最大值	scale end value
物料称量值	number of scale divisions
称量斗启动延时（两次称量间隔时间）	weigh hopper start delay
称量斗排空量（空仓误差）	weigh hopper empty at
相邻热料仓动作间隔	weigh hopper delay
称量斗设定时间（称量值读取时间）	weigh hopper settling time
热料仓控制时间（无料时热料仓等待时间）	bin control time
放料延时时间（从放石料开始算起）	discharge ret.
称量控制时间	weighing control time
搅拌锅放料时间	mixer discharge time
放添加剂时间	discharge del. additive
添加剂开始时间	start time additive
小车启动时间	skip start time
搅拌器容量（最小值）	mixer size(min)
搅拌器容量（最大值）	mixer size(max)
搅拌器容量（实际值）	mixer size(def)
成品料仓开仓顶门时间	hb – silo
小车容量	skip capacity
二次门及飞料值	t/feed infl.
气缸保持时间（单电控气缸用）	jogging time
称量完成后自动清零	retare after weighing
自动修正	automatic correction
称量误差报警值	hold tolerance exceeded
称重后的打印记录	print recort after weighing
没有记录	no recored
到打印机和硬盘	to printer and harddisk
到打印机	to printe
到硬盘	harddisk

材料结算	balanceing
消耗	consumption
日报	daily record
月报	monthly record
年报	yearly record
自动化资料处理	datahandling
记录资料到磁盘	back up data onto disk
记录配方	back up recipes
记录统计表	back up statistics
记录	back up phoenix. doc
记录程序	back up program
记录打印日志	back up print log
从磁盘度资料	read data from disk
恢复数据到磁盘	restore data onto disk
恢复配方	restore recipes
恢复统计表	restore statistics
恢复程序	restore program
冷配料系统：	
冷料斗	cold feed hopper
倾斜皮带机	dryer feed conveycr
集料皮带输送机	collecling conveycr
皮带给料器	belt feeder
冷料斗的结构：	
进料端	bechickungsseite
起重吊耳	transportose eyebolts
振动马达	vibretionsmotor
皮带给料器	abzugsbance belt feeder
集料皮带输送机：	
被动输送机	umlenktrommel
皮带张紧调节器	spannstation
驱动轮	antriebstrommel
紧急停车绳	not – aus leine
紧急停车开关盒	seilzugschalter
驱动电机	kegelradgetriebemotor
输送带	gummigurt
卸料槽	muldntragstation
干燥筒的结构：	
物料输送机	einwurfband
进料箱	einlaufstirnwand

滚圈	laufing
卸料箱	auslaufstirnwand
主喷燃器	brenner
支撑滚轴	laufrolle
减速电机	antribsmotore
消声器	schalldampfer
传动轴	geienkwelle
初始位置	start position
高火头位置	high flame
丙烷气引头焰	set pressure
丙烷气压	propane gas pilot flame
多叶风门	multiwing air
热疗提升机	hot stone elevator
振动筛	vibrating screen
热料仓	hot stone bins
称重斗	weigh hoppers
桨式搅拌器	paddle mixer
溢废料斗	rejects overflow hopper
石料称量漏斗：	
称量传感器	wagezelle
气缸	pneumatikzylinder
卸料门	auslaufklappe
粉料称量漏斗：	
称量斗	waagenbehalter
放料蝶阀	drhklappe
放粉螺旋	fullereintragsschecke
沥青进口	zulauf bitumen
通气口	entlufung
称量传感器	mebdose
沥青称量斗	waagenbenhalter
沥青泵	einduspumpe
沥青排管	eindusbalken
搅拌器：	
连轴器	kupplung
轴承座	lagerung
搅拌臂	mischerarm
叶桨头	mischerschaufel
卡套	schelle
搅拌轴	mischerwelle

减速电机	stirnradgetriebemotor
同步齿轮	zahnrader
线性振动筛：	
筛网	screen track with screen deck
振动筛体	screen frame
V 型皮带	V – belt drive
端机	end plate
振动轴护管	protective shalt tubing
平衡块	flyweight
电机	motor
轴承座	bearing housing
被筛分的材料	flow of sifting material
V 型皮带：	
跨距	span
偏移量	deflection
润滑：	
用润滑脂密封的黄油	lubricating nipple
保护管	protective shaft tubing
加油口	drain plug with oil level in dicator
最大油位	oil filler neck
最小油位	min. oil leve
放油口	oil outlet
进料端：	
保护板	protective sheet
卸料端	delivery side
短路保护	short – cirrcuit protection
带有短路和过载电流释放的马达保护开关	motor protection swich withshort – cirrcuit and over
三相电机	3 – phase motor
截止阀	handabsperrhahn
压力传感器	druckmebsonde

附录二 中华人民共和国强制检定的工作 计量器具检定管理办法

（1987 年 4 月 15 日国务院发布）

第一条 为适应社会主义现代化需要，维护国家和消费者的利益，保护人民健康和生命、财产的安全，加强对强制检定的工作计量器具的管理，根据《中华人民共和国计量法》第九条的规定，制定本办法。

第二条 强制检定是指由县级以上人民政府计量行政部门所属或者授权的计量检定机构，对用于贸易结算、安全防护、医疗卫生、环境监测方面，并列入本办法所附《中华人民共和国强制检定的工作计量器具目录》的计量器具实行定点定期检定。

进行强制检定工作及使用强制检定的工具计量器具，使用本办法。

第三条 县级以上人民政府计量行政部门对本行政区域内的强制检定工作统一实施监督管理，并按照经济合理、应地就近的原则，指定所属或者授权的计量检定机构执行检定任务。

第四条 县级以上人民政府计量行政部门所属检定机构，为实施国家强制检定所需要的计量标准和检定设施由当地人民政府负责配备。

第五条 使用强制检定的工作计量器具的单位或者个人，必须按照规定将其使用的强制检定的工具计量登记注册，报当地县（市）级人民政府计量行政部门备案，并向其指定的计量检定机构申请周期检定。当地不能检定的，向上一级人民政府计量行政部门指定的计量检定机构申请周期检定。

第六条 强制检定的周期，由执行强制检定的计量检定机构根据计量检定规程规定。

第七条 属于强制检定的工作计量器具，未按照本办法规定申请检定或者经检定不合格的，任何单位或者个人不得使用。

第八条 国务院计量行政部门和各省、自治区、直辖市人民政府计量行政部门应当对各种强制检定的工作计量器具作出检定期限的规定。执行强制检定工作的机构应当在规定期限内按时完成检定。

第九条 执行强制检定的机构对检定合格计量器具，发给国家统一规定的检定证书、检定合格证或者在计量器具上加盖检定合格印；对检定不合格的发给检定结果通知书或者注销原检定合格印、证。

第十条 县级以上人民政府计量行政部门按照有利于管理、方便生产和使用的原则，结合本地区的实际情况，可以授权有关单位的计量检定机构在规定的范围内执行强制检定工作。

第十一条 被授权执行强制检定任务的机构，其相应的计量标准，应当接受计量基准或者社会公用计量标准的检定；执行强制检定的人员，必须经授权单位考核合格；授权单位应当对其检定工作进行监督。

第十二条 被授权执行强制检定任务的机构成为计量纠纷中当事人一方时，按照《中华人民共和国计量法实施细则》的有关规定处理。

第十三条 企业、事业单位应当对强制检定的工作计量器具使用加强管理,制定相应的规章制度,保证按照周期进行检定。

第十四条 使用强制检定的工作计量器具的任何单位或者个人,计量监督、管理人员和执行强制检定工作的计量检定人员,违反本办法规定的,按照《中华人民共和国计量法实施细则》的有关规定,追究法律责任。

第十五条 执行强制检定工作的机构,违反本办法第八条规定拖延检定期限的,应当按照送检单位的要求,及时安排检定,并免收检定费。

第十六条 国务院计量行政部门可以根据本办法和《中华人民共和国强制检定的工作计量器具目录》,制定强制检定的工作计量器具的明细目录。

第十七条 本办法由国务院计量行政部门负责解释。

第十八条 本办法自一九八七年七月一日起施行。

附录三 中华人民共和国依法管理的记录器具目录

（1987 年 7 月 10 日国家计量局发布）

一、根据《中华人民共和国计量法实施细则》第六十一条、第六十三条的规定,制定本目录。

二、本目录所属的各类记录器具为依法管理的范围。

(一)计量基准:项目名称另行公布。

(二)计量标准和工作计量器具:

1. 长度计量器具

比长仪、干涉仪、稳频激光器、测长仪、工具显微镜、读数显微镜、光学仪、测量用投影仪、三角坐标测量仪、球径仪、球径仪样板、圆度仪、锥度测量仪、孔径测量仪、比较仪、测微仪、光学仪器检具、量块、尺、基线尺、线纹尺、光栅尺、光栅测量装置、磁尺、容栅尺、水准标尺、感应同步器、测绳、卡尺、千分尺、百分表、千分表、测微计、刀口尺、棱尺、平尺、测量平板、木直尺检定器、多面棱尺、度盘、测角仪、分度台、分度头、准直仪、角度块、角度规、直角尺、正弦尺、方箱、水平仪、象限仪、直角尺检定器、塞规、卡规、环视、圆锥套规、塞尺、半径样板、螺纹量规、螺纹样板、三针、粗糙度样板、粗糙度测量显微镜、表面轮廓仪、齿轮渐开线检查仪、齿轮周节检查仪、齿轮基节检查仪、齿轮啮合检查仪、轮齿径向跳动检查仪、齿轮螺旋线检查仪、齿轮公发线检查仪、正规尺厚规、万能测尺仪、齿轮参数综合测量仪、齿轮渐开线样板、齿轮螺施线样板、丝杠检查仪、经纬仪、水准仪、平板仪、测高仪、高度表、测距仪、测厚仪、刀具检查仪、轴承检查仪、面积计、皮革面积板。

2. 热学计量器具

热电偶、热电阻、温度灯、温度计、高温计、辐射感温仪、体温计、温度指示调节仪、温度变送器、温度自动控制仪、温度巡回检测仪、温度电桥、热电计、比热装置、热物性测定装置、热流计、热象仪。

3. 力学计量器具

砝码、天平、秤、定量包装机、称重传感器、轨道衡、检衡车、台秤检定器、量器、量提、注射器、计量罐、计量罐车、加油机、售油器、容重器、密度计、酒精计、乳汁计、糖量计、盐量计、压力计、压力真空计、气压计、微压计、眼压计、血压计、压力表、压力真空表、微压表、压力变送器、压力传感器、压力表校验仪、血压计检定器、真空计、流量计、水表、煤气表、明渠流量测量仪、流速计、流量二次仪表、流量变送器、流量检定装置、标准体积管、水表检定装置、硬度块、压头、硬度计、测力机、测力计、扭矩机、扭矩计、拉力表、力传感器、冲击试验机、疲劳试验机、拉力试验机、压力试验机、弯曲试验机、万能材料试验机、抗折试验机、无损检测仪、杯突试验机、扭转试验机、高温蠕变试验机、木材试验机、强力计、应变仪、应变仪检定装置、引伸计、应变计参数测量装置、应变模拟仪、振动检定装置,振动台、冲击检定装置,冲击试验台、加速度计、测振仪、振动冲击测量仪、振动传感器、速度传感器、重力仪、转速表检定装置、速度表、测速仪、转速表、里程表、里程计价表、里程计价表检定装置。

4. 电磁学计量器具

标准电池、标准电压源、标准电流源、标准电功率源、标准电阻、电阻箱、标准电容、测量用可变电容器、电容箱、标准电感、标准互感线圈、电感箱、电位差计、标准电池比较仪、电桥、电阻测量仪、欧姆表、毫欧计、兆欧计、高阻计、电表检定装置、电流计、毫安表、微安表、电压表、毫伏表、微伏表、电功率表、微频表、功率因素表、相位表、检流计、万用表、电度表、电度表检定装置、互感器校验仪、互感器校验器检定装置、测量互感器、感应分压器、直流分压箱、分流计、磁性材料磁特性测量装置、标准磁性材料、标准磁带、磁通量具;磁通测量线圈、磁通计、磁强计。

5. 无线电计量器具

高频电压标准、同轴热电转换器、微电位计、高频电压表、高频毫伏表、高频微伏表、低频电压标准源、低频电压表、高频电流表、校准接收表、标准信号发射器、调幅度仪、频微仪、调制度仪、失真度仪检定装置、失真度仪、低失真信号发射器、间频分析仪、脉冲发射器、时标发射器、标准脉冲幅度发射器、脉冲电压表、高频阻抗分析仪、高频标准电阻、高频标准电感、高频标准电容、Q 表、高表面 Q 值标准线圈、高频介质标准样片、高频电容损耗标准、高频零示电桥、谐振式阻抗仪、矢量阻抗表、矢量阻抗分析仪、高频电容损耗仪、高频介质损耗仪、高频微波功率仪、高频微波功率计、高频微波功率指示器、高频微波功率计校准装置、衰减器校准装置、衰减器、相位标准、相位计、移相器、相位发生器、微波阻抗标准装置、微波阻抗标准负载、测量线、反射计、阻抗图示仪、网络分析仪、高频微波噪声发生器、高频微波噪声测量仪、标准场强发生器、高频近区标准场装置、微波标准天线、高频场强计、微波漏能仪、测量接收机、干扰测量仪、脉冲响应校准器、晶体管图示仪、晶体管图示仪校准装置、晶体管参数测试仪、电子管参数测试仪、频谱分析仪、波形分析仪、电视综合测试仪、电视参数测试仪、示波器、示波器校准仪、抖晃仪、雷达综合测试仪、心电图仪检定装置、脑电图仪检定装置、心脑电图仪、半导体材料工艺参数测量标准、半导体材料工艺参数测量仪、集成电路参数测量标准、集成电路参数测量仪。

6. 时间频率计量器具

原子频率标准、石英晶体频率标准、频率合成器、频标比对器响应噪声测量装置比相仪、彩色电视副载频校频仪、频率表、频率计数器、时间间隔计数器、时间合成器、原子钟、标准石英钟、精密钟、精密钟检定仪、航海钟、校表仪、时钟检定仪、秒表检定仪、秒表、电子毫秒表、电子计时器。

7. 声学计量器具

测量用传声器、标准传声器、专用级校准器、声级计、杂音计、声学标准噪声源、1/3 倍频程滤波器、仿真耳、水听器、听力计、耳机测量标准耦合腔、助听器测量仪、超声功率计、医用超声源。

8. 光学计量器具

光学标准灯、微弱光标准、积水球、脉冲光测量仪、光控测器、照度计、亮度计、色温计、标准黑体、标准色板、色差计、白度计、测谱光度计、标准滤色片、感光度标准、威光仪、光密度计、激光能量计、激光功率计、医用激光源、标准鉴别率板、折射计、焦距仪、光学传递函数仪、屈光度计、验光镜片、验光机、光泽度计。

9. 电离辐射计量器具

标准辐射源、活度标准装置、活度计、4π©电离室、©谱仪、X 谱仪、电离辐射计数器、比释动能测量仪、流量标准装置、剂量率标准装置、辐射量计、医用辐射源、照射量率标准装置、注量标准装置、注量测量仪、注量率标准装置、注量率测量仪、活化探测器、电子束能量测量仪、电离辐射防护仪。

10. 物理化学计量器具

电导仪、酸度计、离子计、电位滴定仪、库仑计、极谱仪、伏安分析仪、比色计、分光光度计、光度计、光谱仪、旋光仪、折射率仪、浊度计、色谱仪、电泳仪、烟尘粉尘测量仪、粒度测量仪、水质监测仪、测氡仪、气体分析仪、瓦斯计、测汞仪、测爆仪、呼出气体酒精含量探测器、熔点测定仪、水分测定仪、温度计、标准温度发生器、露点仪、点度计、测量用电子显微镜、X 光衍射仪、能谱仪、电子探针、离子探针、质谱仪、血球计数器、验血板。

11. 标准物质

钢铁成分分析标准物质、有色金属成分分析标准物质、建材成分分析标准物质、核材料成分分析与放射性测量标准物质、高分子材料特性测量标准物质、化工产品成分分析标准物质、地质矿产成分分析标准物质、环境化学分析标准物质、临床化学分析与药品成分分析标准物质、环境化学分析标准物质、临床化学分析与药品成分分析标准物质、食品成分分析标准物质、煤炭石油成分分析和物理特性测量标准物质、物理特性与物理化学特性测量标准物质、工程技术特性测量标准物质。

12. 专用计量器具

(三)属于计量基准、计量标准和工作计量器具的新产品。

三、专用计量器具的具体项目名称,由国务院有关部门计量机构拟定,报国务院计量行政部门审核后另行发布。

四、本目录由国务院计量行政部门负责解释。

五、本目录自发布之日起施行。

附录四 中华人民共和国强制检定的工作 计量器具明细目录

(1987 年 5 月 28 日国家计量局发布)

一、根据《中华人民共和国强制检定的工作计量器具检定管理办法》第十六条的规定，制定本目录。

二、本目录所列的计量器具为《中华人民共和国强制检定的工作计量器具目录》的明细项目。本目录内项目，凡用于贸易结算、安全防护、医疗卫生、环境监测的，均实行强制检定，具体项目为：

1. 尺：竹木直尺、套管尺、钢卷尺、带锤钢卷尺、铁路轨距尺；
2. 面积计：皮革面积计；
3. 玻璃液体温度计：玻璃液体温度计；
4. 体温计：体温计；
5. 石油闪点温度计：石油闪点温度计；
6 谷物水分测定仪：谷物水分测定仪；
7. 热量计：热量计；
8. 砝码：砝码、增铊、定量铊；
9. 天平：天平；
10. 秤：杆秤、案秤、地秤、皮带秤、吊秤、电子秤、行李秤、邮政秤、计价收费专用秤、售粮机；
11. 定量包装机：定量包装机、定量灌装机；
12. 轨道衡：轨道衡；
13. 容重瓶：谷物容重器；
14. 计量罐、计量罐车：立试计量罐、卧式计量罐、球形计量罐、汽车计量罐车、铁路计量罐车、船舶计量仓；
15. 燃油加油机：燃油加油机；
16. 液体量提：液体量提；
17. 食用油售油器：食用油售油器；
18. 酒精计：酒精计；
19. 密度计：密度计；
20. 糖量计：糖量计；
21. 乳汁计：浮汁计；
22. 煤气表：煤气表；
23. 水表：水表；
24. 流量计：液体流量计、气体流量计、蒸气流量计；
25. 压力表：压力表、风压表、氧气表；
26. 血压计：血压计、血压表；
27. 眼压计：眼压计；
28. 汽车里程表：汽车里程表；

29. 出租汽车里程计价表:出租汽车里程计价表;

30. 测速仪:公路管理速度监测仪;

31. 测振仪:振动监测仪;

32. 电度表:单相表、三相电度表、分时记度电度表;

33. 测量互感器:电流互感器、电压互感器;

34. 绝缘电阻、接地电阻测量仪:绝缘电阻测量仪、接地电阻测量仪;

35. 场强计:场强计;

36. 心、脑电图仪:心电图仪、脑电图仪;

37. 照射量计(含医用辐射源):照射量计、医用辐射源;

38. 电离辐射防护仪:射线监测仪、照射量率仪、放射性表面污染仪、个人剂量计;

39. 活度计:活度计;

40. 激光能量、功率计(含医用激光源):激光能量计、激光功率计、医用激光源;

41. 超声功率计(含医用超声源):超声功率计、医用超声源;

42. 声级计:声级计;

43. 听力计:听力计;

44. 有害气体分析仪:CO 分析仪、CO_2 分析仪、测氢仪、硫化氢测定仪;

45. 酸度计:酸度计、血气酸碱平衡分析仪;

46. 瓦斯计:瓦斯报警器、瓦斯测定仪;

47. 测汞仪:还汞蒸气测定仪;

48. 火焰光度计:火焰光度计;

49. 分光光度计:可见光分光光度计、紫外分光光度计、红外分光光度计、荧光分光光度计、原子吸收分光光度计;

50. 比色计:滤光光电比色计、荧光光电比色计;

51. 烟尘、粉尘测量仪:烟尘测量仪、粉尘测量仪;

52. 水质污染监测仪:水质监测仪、水质综合分析仪、测量仪、溶氧测定仪;

53. 呼出气体酒精含量探测器:呼出气体酒精含量探测器;

54. 血球计数器:电子血球计数器;

55. 屈光度计:屈光度计。

三、各省、自治区、直辖市人民政府计量行政部门可根据本目录,结合本地区的实际情况,确定具体实施的项目。

四、本目录由国务院计量行政部门负责解释。

五、本目录自一九八七年七月一日起施行。

新纳入《中华人民共和国强制检定的工作计量器具目录》的工作计量器具明细目录根据国家质量技术监督局 1999 年 1 月 19 日以质技临界局政发【1999】15 号文"关于调整《中华人民共和国强制检定的工作计量器具目录》的通知",将以下计量器具纳入《中华人民共和国强制检定的工作计量器具目录》。

1. 电子计时计费装置:电话计时计费装置;

2. 棉花水分测量仪:棉花水分测量仪;

3. 验光仪:验光仪、验光镜片组;

4. 微波辐射与泄漏测量仪:微波辐射与泄漏测量仪。

参 考 文 献

[1] 中华人民共和国交通部. JTG D50—2006 公路沥青路面设计规范[S]. 北京:人民交通出版社,2006.

[2] 中华人民共和国交通部. JTG F40—2004 公路沥青路面施工技术规范[S]. 北京:人民交通出版社, 2005.

[3] 中华人民共和国交通部. JTG E20—2011 公路工程沥青及沥青混合料试验规程[S]. 北京:人民交通出版社,2011.

[4] 中华人民共和国交通部. JTG E42—2005 公路工程集料试验规程[S]. 北京:人民交通出版社,2005.

[5] 中华人民共和国交通运输部. JTG D40—2011 公路水泥混凝土路面设计规范[S]. 北京:人民交通出版社,2011.

[6] 中华人民共和国国家质量监督检验检疫总局,中国国家标准化管理委员会. GB 175—2007 通用硅酸盐水泥[S]. 北京:中国标准出版社,2009.

[7] 中华人民共和国交通部. GB J97—87 水泥混凝土路面施工及验收规范[S]. 北京:中国计划出版社, 1987.

[8] 国家技术监督局,中华人民共和国建设部. GB 50092—96 沥青路面施工及验收规范[S]. 北京:中国计划出版社,1997.

[9] 中华人民共和国交通部. JTG E51—2009 公路工程无机结合料稳定材料试验规程[S]. 北京:人民交通出版社,2009.

[10] 中华人民共和国交通部. JTG E41—2005 公路工程岩石试验规程[S]. 北京:人民交通出版社,2002.

[11] 中华人民共和国建设部,国家质量监督检验检疫总局. GB/T 50107—2010 混凝土强度检验评定标准[S]. 北京:中国建筑工业出版社,2000.

[12] 中华人民共和国住房和城乡建设部. JGJ 55—2011 普通混凝土配合比设计规程[S]. 北京:中国建筑工业出版社,2011.

[13] 中华人民共和国交通部. JTG E30—2005 公路工程水泥及水泥混凝土试验规程[S]. 北京:人民交通出版社,2005.

[14] 中华人民共和国交通部. JTG F30—2003 公路水泥混凝土路面施工技术规范[S]. 北京:人民交通出版社 2003.

[15] 中华人民共和国交通部. JTJ/T 037.1—2000 公路水泥混凝土路面滑模施工技术规程[S]. 北京:人民交通出版社,2002.

[16] 中华人民共和国交通部. JTG/T F50—2011 公路桥涵施工技术规范[S]. 北京:人民交通出版社, 2011.

[17] 中华人民共和国建设部. GB 50119—2003 混凝土外加剂应用技术规范[S]. 北京:中国建筑工业出版社,2003.

[18] 中华人民共和国住房和城乡建设部. JGJ/T 98—2010 砌筑砂浆配合比设计规程[S]. 北京:中国建筑工业出版社,2011.

[19] 中华人民共和国建设部. JTJ/T 70—2009 建筑砂浆基本性能试验方法标准[S]. 北京:中国建筑工业出版社,2009.

[20] 中华人民共和国交通部. JTT 034—2000 公路路面基层施工技术规范[S]. 北京:人民交通出版社, 2000.

[21] 徐培华,王安玲. 公路工程混合料配合比设计与试验技术手册[M]. 北京:中国计划出版社,2001.